内蒙古自治区高校人文社科重点研究基地心理教育研究中心资助成果

内蒙古师范大学引进高层次人才科研启动经费项目
"民族文化背景下的风险选择框架效应研究"
（项目批准号：2017YJRC027）研究成果

尹慧——著

风险选择

框架效应的区域研究

REGIONAL RESEARCH ON

RISK

CHOICE FRAMING EFFECT

ZHEJIANG UNIVERSITY PRESS
浙江大学出版社

序

决策是人类最为奇妙的智慧活动,是感性和理性的结晶。决策如果是纯粹的理性思维过程,那么人类活动就简单多了,如同计算机程序一样,我们的决策结果应该会大同小异。但事实并非如此,即使是相同的事件,决策结果仍会各不相同。因为是人在做决策而不是程序,人的所有心理特征都会在决策过程中有意无意地体现出来,当然,通过分析决策过程也能分析一个人的某些心理特征。

首先,本书是决策心理研究方面的探索成果。决策心理研究揭开序幕伊始,心理学领域的决策研究就势如破竹、如火如荼。本书是笔者沿着众多学者的研究之路,在决策心理研究方面的小试牛刀。从理性决策的角度出发,当我们对某个抉择问题做等价描述时,理论上不会影响决策结果,但事实上,不同描述导致了不同的决策判断,这就是框架效应。框架效应研究的焦点是风险选择,即当人们面临无风险的确定选项和有风险的不确定选项时,在不同框架下(正向或负向)描述,会影响人们的风险选择。

其次,本书是文化心理研究方面的分支成果。文化是决策的背景,离开文化谈决策无异于无源之水。文化会影响人们的决策风格,目前关于决策的文化差异研究还相对匮乏,本书的区域性研究结果将加深我们对决策文化差异的理解,促进各地区民族文化的交流,加深彼此间的沟通和联系。

本书主要论证了蒙古族青少年存在风险选择框架效应,验证了框架效应具有文化共同性。风险选择框架效应在整个蒙古族青少年时期是发展变化的,也说明了风险选择研究必须根据领域和框架的不同分别归类分析。

　　本书是在笔者博士论文基础上修改和扩展而成的,相对于博士论文,本书材料更加丰富,脉络更加清晰,思维更加缜密,文字更加通俗易懂。但受理论水平所限,书中难免有不尽如人意之处,欢迎专家学者和读者朋友批评指正。

尹慧

2021 年 10 月

‖ 目 录 ‖

绪　论

　　框架效应是指当相同的信息用不同的方式表达时会影响决策者反应的现象，它表明了一个决策问题的表述如何影响人们对这个问题的看法以至影响到他们的决策。框架效应包括风险选择框架效应、属性框架效应和目标框架效应，其中风险选择框架效应是最为典型的一类，也是目前为止学界研究较多的一类。但已有的研究多数关注儿童青少年某一年龄段的框架效应，缺乏对整个儿童青少年时期不同年龄阶段框架效应的差异研究，而且关于框架效应的文化研究也主要集中在东西方文化比较上，对同一国家不同区域的差异缺少关注。

　　本书主要以预期理论为基础，以内蒙古地区的蒙古族青少年学生为研究对象，选取有效被试共 1600 人，其中男生 790 人，女生 810 人，依据年龄分为 9～10 岁组、11～12 岁组、13～14 岁组、15～16 岁组、17～18 岁组共 5 个年龄组（简称 9 岁组、11 岁组、13 岁组、15 岁组和 17 岁组），为了避免性别、人数差异带来的误差，每个年龄组被试人数均等，男女生基本各占一半。研究中严格依照框架效应的经典研究范式，先验证蒙古族青少年中是否存在风险选择框架效应，再运用横断研究法分析整个蒙古族青少年群体中风险选择框架效应的年龄发展特征，然后从影响因素入手分析蒙古族青少年的主要个体特征，包括年龄、性别、风险偏好、认知需要和决策风格与框架效应的关系，在此基础上运用恰当的 Logistic 回归分析法分别构建不同领域不同框架下的作用模型。

本书包括 3 项研究、6 项子研究。研究 1 设置了生命、生活和娱乐 3 个决策领域，对蒙古族青少年的风险选择框架效应做了验证性研究，考察了这一风险选择框架效应的年龄发展特征。研究 2 主要探讨了个体特征与蒙古族青少年风险选择框架效应的关系，分析了个体特征对蒙古族青少年的影响以及可能存在的年龄和性别差异。该研究共包含 3 项子研究：子研究 1 考察了风险偏好与风险选择框架效应的关系；子研究 2 考察了认知需要与风险选择框架效应的关系；子研究 3 考察了决策风格与风险选择框架效应的关系。研究 3 主要在生命、生活和娱乐 3 个领域构建了个体特征对风险选择框架效应的作用模型。该研究共包含 3 项子研究：子研究 1 考察了生命领域正负向框架下，蒙古族青少年个体特征与风险选择框架效应的 Logistic 模型；子研究 2 考察了生活领域正负向框架下，蒙古族青少年个体特征与风险选择框架效应的 Logistic 模型；子研究 3 考察了娱乐领域正负向框架下，蒙古族青少年个体特征与风险选择框架效应的 Logistic 模型。

经研究分析，共有 3 个发现。

第一，蒙古族青少年风险选择框架效应的发展呈现出典型的年龄特征。蒙古族青少年在生命、生活和娱乐 3 个领域的风险选择都存在框架效应；蒙古族青少年框架效应的发展趋势是年龄越小越趋向于风险规避，年龄越大越趋向于风险寻求。9 岁组出现了单向风险规避框架效应，11 岁组出现了经典框架效应，13 岁组的框架效应开始不明显，15 岁组的框架效应出现不稳定，17 岁组出现了单向风险寻求框架效应。

第二，个体特征对蒙古族青少年风险选择框架效应的影响因领域而不同。高风险偏好的蒙古族青少年在生命、生活和娱乐领域里，在正向和负向框架下都是趋于风险寻求；低风险偏好者都趋于风险规避；不同认知需要的蒙古族青少年也受到决策领域的影响，虽然从统计学意义上来看认知需要对风险选择框架效应的影响不是很显著，但在不同领域表现出不同的风险选择框架效应；不同决策领域下决策风格类型对框架效应的影响也有所不同，决策风格类型与决策领域共同影响框架效应。在性别差异方面，男性比女性更趋于选择风险方案。

第三,个体特征对蒙古族青少年风险选择框架效应具有预测作用。在生命领域的决策任务中,蒙古族青少年的决策风格、风险偏好对风险选择正向框架作用显著,决策风格、风险偏好、年龄对风险选择负向框架作用显著。在生活领域的决策任务中,风险偏好、决策风格对风险选择正向框架作用显著;风险偏好对风险选择负向框架作用显著。在娱乐领域的决策任务中,风险偏好、决策风格对风险选择正向框架作用显著;风险偏好、决策风格、年龄和性别对风险选择负向框架作用显著。可见,在这3个领域里,对正向框架和负向框架具有预测作用的个体特征因素明显不同,因此笔者分别构建了生命、生活和娱乐领域里不同框架效应的6个预测模型,各模型的整体模型拟合度较好,说明蒙古族青少年的个体特征能较好地预测风险选择框架效应。

由此可知,蒙古族青少年存在风险选择框架效应,验证了框架效应具有文化共同性。风险选择框架效应在整个蒙古族学生青少年时期是发展变化的,年龄越小越趋向于风险规避,年龄越大越趋向于风险寻求。这与总体青少年的决策风格发展特征相一致,对低龄青少年来说,成人通常会对其所做的决策进行限制,独立做决策时就会更保守些;而稍大些的青少年进行日常决策时因思维相对缺乏理性,依赖习惯或行为常常冲动做出决定。个体特征对蒙古族青少年风险选择框架效应的影响具有领域性。主要体现为影响框架效应的个体特征因决策领域不同而不同。通过分析蒙古族青少年典型的个体特征可以了解其风险选择框架效应取向。风险偏好对3个决策领域正负向框架下的决策结果都具有显著的预测作用,可能是影响蒙古族青少年风险选择的最有代表性的个体特征。风险选择的行为结果分析不能一概而论。通过模型的建构表明,领域不同,具有预测作用的个体特征不同;框架不同,具有预测作用的个体特征也明显不同。这表明,风险选择研究必须依据领域和框架的不同分别归类分析。

文献梳理

1 风险选择框架效应的理论发展

人类生活在一个充满了各种不确定的世界里，生活就像做选择题，我们一直都在做决策。"人类在不确定条件下如何做出决策"是目前最富前景和重要意义的研究课题之一（李纾，梁竹苑，孙彦，2012）。有研究者认为，问题解决包括确定行动、设定目标、设计行动方案三方面，决策属于问题解决过程的一部分，是对备择选项进行评估和选择的过程。任何时候都存在大量可能的备选行动方案，特定个人都会通过某种过程逐渐缩小备选方案的范围，最终剩下一个实际采纳的方案（西蒙，2013）。也有研究者认为，决策中包含问题解决，即需要个体在备选项中选出最优选项；问题解决中也存在必须决定采用哪种策略的决策成分。决策和问题解决虽然有相似之处，但也有明显区别（Gilhooly，1996）。心理学领域对决策的研究具有以下几个特征：首先，心理学主要关注人们从众多策略中选择其一作为解决问题的策略的原因是什么。其次，心理学关注人们做出决策判断时为什么经常违背概率论。最后，心理学强调对决策结果起决定作用的主观因素，即人的心理品质对决策的影响（朱滢，2000）。

近50年来，心理学领域对行为决策的研究主要聚焦于人们到底是怎样做决策的，影响决策的因素有哪些，影响决策行为的认知神经机制是什么，不同文化背景下人们的决策行为有何异同。文化能够改变我们认识世界以及解释世界的方式（Goldberg，2008），这种认识世界和解释世界的方式影响甚至决定着我们所做的决策和判断（Plous，2004）。决策研究不可能脱离对决策者的研究，来自不同社会文化背景下具有不同价值取向的个体，尤其是不同民族的个体，其思维和行为方式是各具特色的。那么他们的决策判断和决策选择就不可能是完全相同的。蒙古族是一个古老而带有传奇色彩的民族，在不断发展的历史长河中形成了独特的文化价值体系，创造出了别具一格的民族文化，是古代北方游牧文化的集大成者。伴随着社会文化的发展，蒙古族的民族特征虽然有一定的变化，但民族成分和民族特色基本上还是保持着本民族及其渊源民族的大部分特征，其富有感染力的民族文化特征涉及蒙古族特定的历史、生态环境、语言以及心理等多种因素，原始、开放、征服、兼容和自然生态的草原文化特征保证了其民族特色的繁衍和发展，这一点从人们的宗教信仰、审美意识、价值观念、伦理道德、文化心理等精神文化以及行为模式、生活方式、风尚习俗等行为文化中得以充分地体现（王曙光，1991；栾凡，2007；佟拉嘎，2008；陈烨，2011）。因此，在这种文化体系下所体现出来的个体心理特征和决策行为特征是非常值得研究的。

1.1 框架效应概述

1.1.1 框架效应的界定

有研究认为,人们决策前必须做理性思考,决策的依据是恒定性原则,但一些研究发现人们做出的决策经常违背这一认知。鲁格(Rugg,1941)在早期曾经做过一项民意调查,对不同的调查对象提出两个问题:你认为美国是否应该允许在公共场合发表反民主的言论?你认为美国是否应该禁止在公共场合发表反民主的言论?看起来,这两个问题是在询问同一件事情,但人们的回答却大相径庭,当用"允许"一词提问时,62%的人做出否定回答;当用"禁止"一词提问时,只有46%的人做出肯定回答。从意义上讲,"禁止"与不"允许"是等同的,但调查结果却出现了16个百分点的差异(尹慧,七十三,2016)。允许—禁止的差异在其他一些实验中也陆续得到验证(Hippler,Schwarz,1986;尹慧,七十三,2016)。这些实验研究也说明人们对损失(禁止)和获得(允许)的反应是有差异的。但是,根据期望效用理论的恒定性原则,对相同信息的不同表征不应该影响判断的结果,即同一决策问题的不同表象将产生同一偏好,每个决策方案不会由于描述方式的不同而改变优先选择的顺序,即决策的表述形式不会影响决策的结果。早前,人们始终认为恒定性原则是不需要进行验证的,是达成共识的普遍适用的公理,是规范的决策理论具备的基本条件之一(Arrow,1982)。但事实并非如此,已有研究证明,决策结果受决策表述形式的影响,容易令决策者在判断和选择过程中出现决策偏差。

Tversky 和 Kahneman(1981)在研究中称这一现象为"框架现象",由此产生"框架"这一概念。之后,研究者开始重视对这一差别现象的广泛研究,他们开始研究影响个体做出某一特定判断和选择的一系列因素,也开始研究决策的不同描述形式所产生的不同影响,以及它们怎样影响个体的决策行为。这种当相同的信息用不同的方式表述时会影响决策者反应的现象即被称为框架效应(framing effect)。

针对下面的决策问题(Kahneman，Tversky，1981)，你会选择哪个方案？

假设美国正面临一种罕见的"亚洲疾病"，如果疾病发作，预计会有600人死亡。现在有两种针对该疾病的应对方案，并对各方案的后果进行了科学估算，如下情况：

1. 正向描述(获益)：

采用A方案，会有200人获救；

采用B方案，有1/3的概率600人获救，而2/3的概率无人获救。

你会选择哪个方案？

在这样的描述中，大部分人(几乎75%的参与者)都选择了A方案。但是用不同的方式来表述这两个选项时，选择结果出现了变化。

2. 负向描述(受损)：

采用C方案，会有400人死亡；

采用D方案，会有1/3的概率无人死亡，而有2/3的概率600人全部死亡。

你会选择哪个方案？

在这样的描述中，大部分人(几乎75%的参与者)都选择了D方案。

虽然这两种情况从逻辑上看是没有区别的，600人中400人死亡相当于200人生还，两种情况下都是200人获救，400人死亡，A方案和C方案是等价的，B方案和D方案是等价的。但由于概念框架不同，方案受到了不同的对待。一种情况是用积极情绪语言如"获救"来表述，称为正向框架；另一种情况是用消极情绪语言如"死亡"来表述，称为负向框架，不同的框架就导致了人们选择结果的差异。研究表明，从正面角度表述一个问题时容易导致人们选择肯定方案而规避风险；从负面角度描述时则容易导致人们选择风险方案而承担风险。

这一关于生命领域的"亚洲疾病"问题也成为框架效应研究中的经典案例。

1.1.2 框架效应的类型

框架效应研究在近 30 年来不断深入发展,框架效应的类型也逐渐由单一走向多样。根据不同的分类方法,框架效应可分为各种类型。

1.1.2.1 风险选择框架效应、属性框架效应和目标框架效应

关于框架效应类型的划分,目前主要依据三个标准:被框架对象和受框架影响的对象,还有典型的测量方式。Levin 等(1998)就据此把框架效应划分为三类,即风险选择框架效应、属性框架效应和目标框架效应,这三类框架效应之间的结构是相互独立的。

(1)风险选择框架效应

前面提到的"亚洲疾病"问题的案情分析是风险选择框架效应的经典范式,方案中分别设置了两种不同的描述方式(生存和死亡)作为两种框架形式,即正向框架和负向框架。选择项主要有两类,分别是一个保守性方案和一个风险性方案,然后在这两种框架下由决策者做出选择。结果显示这两种框架会影响人们决策时是趋于保守还是追求风险。研究中人们发现,不同的任务情境带来的框架效应是不一样的。Wang(1996)在风险选择框架效应研究中,设置了生命问题情境、个人财产问题情境以及公共物品问题情境三方面的领域任务,根据研究结果提出风险选择框架效应包括经典的双向框架效应、单向框架效应和反转的框架效应三类。

①双向框架效应

双向框架效应就是"亚洲疾病"问题中所出现的框架效应,当以"生存"来表述即正向框架下,决策者会更多地趋向于选择肯定方案;而当以"死亡"来表述即负向框架下,决策者会更多地趋向于选择风险方案。对于肯定方案,决策者在正向框架下的选择率,要高于负向框架下的选择率;而对于风险方案,决策者在正向框架下的选择率,要低于负向框架下的选择率。这种效应也被称为经典框架效应。

②单向框架效应

所谓单向框架效应,就是决策者在框架效应下强化了一种极端的风险偏

好,并没有出现偏好反转。也就是说,在两种框架形式下,决策者都选择了肯定方案即出现单向的风险规避,只是在正向框架下比负向框架下更明显,在正向框架下肯定方案的选择率高于负向框架下的选择率;或者在两种框架形式下,决策者都选择了风险方案即出现单向的风险寻求,只是在负向框架下比正向框架下更明显,在负向框架下风险方案的选择率高于正向框架下的选择率。

③反转的框架效应

反转的框架效应是由 Kuhberger(1995)提出的,与经典框架效应正好相反。它主要表现为在正向框架下风险寻求占主导,选择风险方案的人数多,而且在正向框架下风险方案的选择率高于负向框架下的选择率;在负向框架下风险规避占主导,选择肯定方案的人数多,而且在负向框架下肯定方案的选择率高于正向框架下的选择率。

(2)属性框架效应

属性框架效应是指针对某个物体或某个事件的某些关键属性用不同的方式表述时,即运用正向框架或者负向框架,都会影响人们对该事物或者物体的接受程度。Levin 等(1998)分别用含 75% 瘦肉和含 25% 肥肉来描述牛肉,结果发现人们更倾向于选择含 75% 瘦肉的牛肉。这也说明相对而言,正向框架下的、用积极语言描述的事物更能获得人们的喜爱。

(3)目标框架效应

目标框架效应是指对于某种信息,强调做某事的积极结果和强调不做某事的消极后果看起来是一个意思,但人们的选择却是不一样的。研究表明,人们更重视负向框架下的信息,即强调不做某事的消极后果,这种负向框架下的表述更能引起人们的注意,更能增强信息的说服力。

1.1.2.2　外部框架效应和自我框架效应

(1)外部框架效应

如果框架效应的研究材料是设置的情境性问题,是语言描述的外部信息,那么这种有固定材料内容的、经过语言加工的信息形成的框架叫外部框架。以上所谈到的风险选择框架效应、属性框架效应和目标框架效应都属于外部框架效应。

(2)自我框架效应

有人认为,人们在现实生活中所遇到的决策问题很少会像实验材料那样有清晰明确的框架模式,大多数的表述都是模糊的框架,所以人们需要对信息进行主动编码和加工,才能进行比较、做出决策。这种框架是外部信息进入个体大脑通过内部表征而产生的,这种决策偏差就是内部框架,也有研究者将这种内部心理框架称为自我框架(Levin,Schneider,Gaeth,1998;Wang,2004;杜秀芳,王颖霞,赵树强,2010)。

1.1.3 框架效应的理论基础

随着框架效应的提出,研究者逐渐展开了对其理论基础的探讨。相关学者从多个角度进行了探讨和分析,形成了较有代表性的框架效应理论。结合本书的研究目的,在此主要介绍比较典型的框架效应理论,如预期理论、模糊痕迹理论、认知情绪平衡理论、后悔理论等。

1.1.3.1 预期理论

1979 年,Kahenman 和 Tversky 共同提出了预期理论(prospect theory)。在预期理论中,决策过程包含两个阶段:编辑和评价。编辑,是指对各个选项的编辑,包括对与决策相关的行为、不可预见性以及结果构建认知表征;评价,是指决策者对每个选项的价值进行估计并进行相应的选择,包括估价、对决策进行加权和整合三个步骤(Hastie,Dawes,2013)。预期理论可用代数公式来表示决策过程,该理论用"价值"代替了"效用",这里的价值是指收益与损失针对某一参照点的偏离程度,收益的价值函数和损失的价值函数也是不同的,收益的价值函数是凹函数,曲线在横轴以上,不那么陡峭;损失的价值函数是凸函数,曲线在横轴以下,相对陡峭一些(见图 1-1)。由于损失的价值函数曲线更为陡峭一些,因此损失相对于收益显得更加突出(Plous,2004)。

预期理论在决策的编辑阶段提出了两个重要函数,即价值函数和权重函数(见图 1-1 和图 1-2),个体依据价值函数和权重函数的乘积大小来做出决策。在个体采集和处理信息时,"框架或参照点"会对人们产生影响,也就是说框架会影响人们的决策偏好。相对于某一参照点,如果决策结果趋于收益,其价值函数将是凹函数,那么决策者就会倾向于风险规避;如果决策结果趋于损失,其价值函数将是凸函数,那么决策者就会倾向于风险寻求(Plous,2004)。以"亚洲疾病"问题为例,正向框架下的选项是从收益的角度来描述的——拯救生命,被试是风险规避的,A方案的总价值(收益)似乎比B方案的大,所以选择A方案的人多;负向框架下的选项是从损失的角度来描述的——丧失生命,被试是风险偏好的,D方案的损失似乎比C方案的小,所以选择D方案的人多。

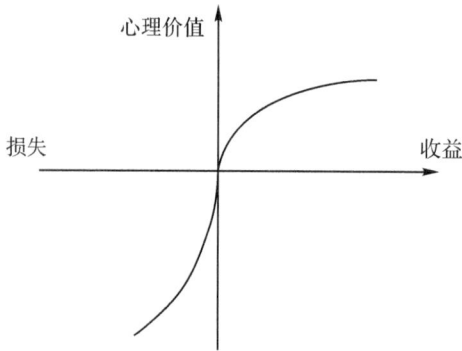

图 1-1   价值函数曲线

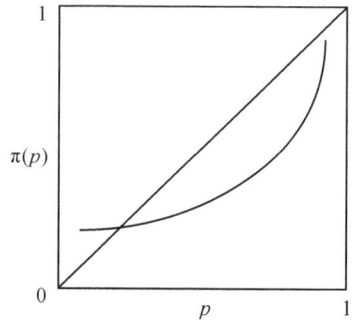

图 1-2   决策权重函数

预期理论是解释风险选择框架效应最有影响力的理论,但还有一些它不能预测或者解释的现象,尤其是关于情境、材料等其他因素的影响。

1.1.3.2   模糊痕迹理论

1991年,Reyna和Brainerd提出了模糊痕迹理论(fuzzy-trace theory),也是解释框架效应较常用的理论之一。同经典理论的不同之处主要表现在其对内在加工过程的解释上。经典理论强调判断与决策的加工是在对数字信息精确加工的基础上进行的,而模糊痕迹理论则认为人们对数字信息的加工是有选择的,对决策的加工倾向于质的加工。该理论认为个体进行推理加工时,在模糊加工和逐字逐句加工的连续体上趋于模糊加工的一端,也就是说,个体虽然可以对同一信息进行多重表征,但个体往往趋于选择不精确的要义表征,因为模糊加工较容易做到,付出的认知努力较少(Reyna,

Brainerd,1991;曾守锤,李其维,2002;张卫,林崇德,2002)。根据该理论,人们做决策时是主要对决策信息进行抽象概括,更喜欢通过模糊或者定性的思考,根据要点做出决策,而不是通过逐字逐句的精确的计算来判断和做出决策的,决策的偏差可归因于直觉的推理。因此,人们决策时会对"亚洲疾病"问题中的数字进行模糊化和定性化处理,对于 A 方案和 B 方案,"200 人获救"被模糊加工为"可以救到一些人";"1/3 的概率 600 人获救,而有 2/3 的概率无人获救"被模糊加工为"一些人获救,一些人死亡",所以在正向框架下选择 A 方案的人居多;对于 C 方案和 D 方案,人们会将 C 方案"400 人死亡"模糊加工为"一些人死亡";将 D 方案"2/3 的概率 600 人死亡,1/3 的概率没有人死亡"模糊加工为"一些人死亡,一些人得救",所以在负向框架下选择 D 方案的人居多。

模糊痕迹理论从另一个角度为风险选择框架效应提供了解释机制,但对于其他决策中的框架效应还有待进一步验证。

1.1.3.3 认知情绪平衡理论

认知情绪平衡理论是由 Gonzalez 等(2005)提出的。该理论假设人们做决策时通常会设立两个目标:一是希望付出的认知努力相对较少;二是希望获得的情感体验相对较好。这两个目标之间的平衡性是框架效应的产生条件,最平衡的体现当然是付出最少的认知努力而获得最好的情感体验。当决策者面对两个备择选项时,如果情感体验相似那么就选择付出认知努力最少的;如果认知努力相似那么就选择情感体验最好的。如果两个方案在认知努力方面和情感体验方面都没有明显的差异,就需要决策者认真权衡。在"亚洲疾病"问题中,正向框架带给个体的感受都是积极的体验,情感价值比较接近,但是肯定方案 A("200 人获救")比风险方案 B("1/3 的概率 600 人获救,而有 2/3 的概率无人获救")需要的认知加工要少许多,付出的认知努力较少,所以选择肯定方案 A 的人相对多一些;在负向框架下,带给决策个体的都是消极情感,虽然 C 方案("400 人死亡")比 D 方案("2/3 的概率 600 人死亡,1/3 的概率没有人死亡")付出的认知努力少,但带来的消极情感要强于 D 方案,所以决策个体倾向于选择 D 方案。

认知情绪平衡理论考虑到了决策时情感和认知两方面因素,为框架效应研究开拓了新的研究视角。

1.1.3.4 后悔理论

后悔理论关注的是情绪情感在决策中的作用,Mellers 等(1999)把框架效应解释为情绪压力(后悔或希望)的结果。正如 Kahenman 和 Tversky(1979)的研究结论:一个人在损失一定数量的金钱时所体验到的恶劣心情,要远远大于获得相同数量金钱时所带来的愉悦心情。人们对损失比对获得更敏感(胡琰,2007)。该理论也认为,决策个体对消极情绪赋予的价值要多于愉快情绪,这种情感赋值差异无形之中改变了实际获益或者损失的比重,而后悔是决策中体现和影响都较为明显的一种情绪。在"亚洲疾病"问题中,在正向框架下,总体上 A 方案和 B 方案带来的情绪是积极的,但 A 方案能保持愉快情绪,而 B 方案会影响愉快情绪,所以决策个体倾向于选择 A 方案;在负向框架下,总体上的情绪是消极的,人们总是厌恶负面情绪的,但 D 方案中还有一部分人有存活的希望,相比 C 方案,能够缓解人们的负面情绪,所以决策个体倾向于选择 D 方案。

1.1.3.5 其他理论

还有一些研究者也相继提出了角度不同的理论,比如李纾(2006)提出的齐当别模型,在有限理性的前提下,研究者认为决策者最终只能在有限的几个维度上进行思考,做出决策的真正机制是能否通过某种形式辨别出选项之间的优劣。人们利用优劣做出决策时,必须人为地"齐同"掉某些某个维度上差别较小的可能结果,而把另一个维度上差别较大的可能结果作为决策依据。在"亚洲疾病"问题中,在正向框架下,个体的决策依据是"最坏的可能结果";在负向框架下,个体的决策依据是"最好的可能结果"。但这个理论的局限是不能解释多项选择性的问题。

另外,还有研究者运用双系统理论来解释框架效应。该理论认为信息处理模式主要包括整体启发式和系统分析式,整体启发式为主的个体较易受框架效应的影响,而系统分析式为主的个体则不易受框架效应的影响。

1.2 影响风险选择框架效应的个体特征

近几年框架效应研究不断发展,研究领域已经涉及心理学、经济学、医疗卫生和市场营销等各个领域,研究者也日益关注风险选择框架效应的影响因素。根据相关文献,目前研究主要从以下几个方面对框架效应的影响因素进行了探索:①人口学视角,主要包括性别、年龄等;②人格特征视角,主要包括"大五"人格、卡特尔人格特质、成就动机等;③认知特征视角,主要包括风险偏好、认知需要、决策风格、认知方式等;④加工深度视角,主要是基于加工水平理论而提出的几种信息加工处理方式,包括复述、转述、卷入度、目的提示等思维特征;⑤个体状态视角,主要包括后悔、个体的情绪状态、情境的内在自我相关等(Xie,Wang,2003;Lauriola,Levin,Hart,2007;段锦云,2008;Mahoney,Buboltz,Levin,2011;于会会,徐富明,黄宝珍,等,2012)。

本书主要是从人口学和个体认知特征视角出发,根据以往相关文献的研究选取了探索性研究较多的,对风险选择框架效应影响比较大,而且测量工具较为科学完善的比较典型的个体特征,即人格、认知风格、年龄、性别、风险偏好、认知需要和决策风格,通过分析它们对蒙古族青少年风险选择框架效应的影响,以探讨其对框架效应的作用途径。

1.2.1 人格

人格(personality)一词最初源于拉丁语"persona",指古希腊时期戏剧演员所戴的面具,如同我国戏曲中的脸谱,因角色的不同而不同,从而体现角色的身份特点和人物性格。

心理学沿用"面具"的含义,转意为人格。这其中包含了两层意思:一是指个体在人生舞台上所表现出来的种种言行,以及人在社会文化习俗的要求下做出的反应。人格所具有的外壳,就像舞台上根据角色特点所变换的面具,表现了个体外在的人格特征。二是指个体由于某种原因不愿展现的、内隐的人格成分,即隐藏在"面具"后的真实的自我,是人格的内在特征。

在心理学领域,由于研究方向不同,心理学家对"人格是什么"并没有明确而统一的答案。综合各家之见,笔者权将人格定义为"构成一个人的思想、情感及行为的特有心理模式,包含了一个人区别于他人的稳定而统一的心理品质"。

1.2.1.1　人格的特性

（1）人格的独特性

每个人的人格都是独特的。即使是同卵双生子,人格特点也会有所区别。因为人格是在遗传等先天因素和环境、教育等后天因素的作用下形成的,这些因素及因素之间的相互关系都不可能是完全相同的,从而使人与人区别开来。正如俗语所言:"人心不同,各如其面。"

当然,并不是说人与人之间在人格上毫无共同之处,人与人之间在心理面貌上是有共性的,比如民族的共同心理特点,阶级和集团的共同心理特点,等等,但整体而言,每个人的人格特征都是独一无二的。

（2）人格的稳定性

人格有稳定性,可以通过不同的时间或情境来鉴别这些稳定的行为方式。俗语说:"江山易改,禀性难移。"因此,我们可以说,今天活泼开朗的人,明天也是活泼开朗的。在工作中喜欢挑战的人,在社会活动中也喜欢挑战。当我们说"这像是她能做的事""他就是这个样子"时,事实上也就是在承认人格能做的稳定性。当然,这并不等于说人格是一成不变的,随着身心的逐渐成熟和环境的不断变化,人格也会产生或多或少的变化。

（3）人格的整体性

人格是一个人的心理行为模式,是一个统一的整体结构,由内在的人格倾向性、人格心理特征与外部的行为方式构成。它并不是一个个单一的心理品质或行为方式的集合,而是这些心理品质或行为方式相互联系、相互制约,构成的一个具有一定组织和层次的整体结构。

（4）人格的功能性

人格决定一个人的生活方式和工作风格,有时可能会决定一个人的一生。我们常常会使用人格特征来说明某人的言行。面对逆境,自强者奋发图强,懦弱者则一蹶不振。人格能正常发挥其功能时,表现得健康有力;人格功能失调时,则表现得软弱无力。

1.2.1.2 人格的组成

人格是多侧面、多层次的复杂统一体,主要由气质、性格组成。

(1)气质

气质(temperament)一词源于拉丁文"temperamerturm",原意为掺和、混合,人体内体液的混合"比例"(把人体内的体液按一定"比例"混合在一起),现在用来描述人的情绪、情感特征。事实上,气质不仅表现在情绪、情感活动中,也表现在认识活动、意志过程(智力活动)等一切心理活动中。概括而言,气质是指个人心理活动和行为的稳定的动力特征,它影响着个人活动的各个方面,通常称为脾气、秉性。

(2)性格

性格(character)一词来源于希腊语"charakter",原意为雕刻,后转为印刻、记号、标记。性格的词义比较广泛,既指事物的特征和性质,也指人的品质、行为模式等。性格是一种与社会最密切相关的人格特征,它是在社会生活中逐渐形成的,主要体现在对自己、对别人、对事物的态度和所采取的言行上(彭聃龄,1988)。

正确地解决性格类型的问题,不仅有利于我们对性格本质的理解,而且有利于我们克服不良的性格特征,培养良好的性格,以更有效地安排工作和生活。因此说有效地研究性格类型问题具有重要的理论意义和实践意义(七十三,2017)。

1.2.1.3 人格形成的影响因素

(1)生物遗传因素

为了研究遗传在人格形成中的作用,最好的方法是双生子研究。双生子分同卵双生子和异卵双生子,其研究原则是:同卵双生子具有完全相同的基因形态,如果他们之间存在差异,可归因于环境因素;而异卵双生子的基因形态虽然不同,但在环境上有许多相似之处,如出生时间、母亲年龄等,因此也提供了控制环境的可能性。只要系统完整地研究这两种双生子,就可以看出不同环境对相同基因形态的影响,或者相同环境下的不同基因形态。艾森克(Eysenck,1985)指出,在同一环境中成长的同卵双生子,其外向性的相关程度为 0.61,而在不同环境下成长的同卵双生子,其外向性相关为 0.42;而同一环境下成长的异卵双生子的外向性相关性更低,为 -0.17。弗洛德鲁斯(Floderus)等人于 1980 年对瑞士 12000 多对双生子进行了人格问卷调查,其结果是同卵双生子在外向性和神经质上的相关系数为 0.50,而异卵双生子的相关系数只有 0.21 和 0.23。可见同卵双生子在外向性和神经质上的相似性要明显高于异卵双生子,表明遗传在这两种人格特质中起重要作用(Floderus,Pedersen,Rasmuson,1980)。

可见,遗传是人格中不可缺少的影响因素,但这种影响不是绝对的,有些人格特质如智力、气质等与生物因素相关性较大的特质,遗传作用体现得较明显,而对于价值观、信念、性格等特质,环境因素的作用可能更为重要。所以人格的发展是遗传因素与环境因素交互作用的结果。

(2)环境因素

①家庭

家庭把遗传基因传递给后代,是儿童最早接触的社会环境童年经历对人格形成具有重要的影响。从出生到五六岁是儿童人格形成的重要阶段。而这一阶段的儿童,绝大部分是在父母的呵护中成长的。家庭的各种因素都会对儿童性格的形成起到重要作用,主要表现在以下几方面:

a.父母的教养方式

父母用什么方式教养儿童,是影响儿童人格形成和发展的重要因素。大部分心理学工作者把父母的教养方式分为民主型、权威型和放任型三类,不同类型的教养方式影响了不同人格特点的形成。比如,父母以民主型方式教育子女,既能予以恰当的限制,又能适当地满足儿童的需求,父母与儿童之间的关系是平等民主、和谐融洽的,则儿童易形成谦虚、正直、大方、亲切、独立、诚恳等积极的人格特征。如果父母以权威型方式教育子女,对儿童的言行举止粗暴干涉,无条件限制儿童,甚至动辄打骂,对儿童缺乏耐心,希望他们言听计从,则儿童易形成自卑、畏惧、虚伪、暴躁、冷酷无情等人格特征。如果父母以放任型方式教育子女,对子女百依百顺,一味溺爱,没有限制、约束,放任自流,则儿童易形成任性、依赖、胆小、怕事、懒惰、自私等人格特征。

b. 家庭气氛

家庭气氛可以分为和谐融洽型和对抗冲突型两类。家庭中的气氛反映了家庭成员间的关系,尤其是父母的关系,对儿童人格的形成有着重要的作用。一般而言,和谐融洽型的家庭具有相互尊重、相互理解和相互支持的和睦气氛,儿童在家中感到安全、舒适、愉快,易形成自信、乐观、亲切、友善的人格,能顺利地解决学习和生活上的问题。在对抗冲突型的家庭中,气氛紧张,父母争吵、猜疑,产生隔阂甚至关系破裂,儿童在这样的家庭中缺乏安全感和信任感,易形成孤僻、忧郁、喜怒无常的人格特征。

c. 学校教育

学校教育对学生人格的形成和发展具有重要的作用。学校主要通过课堂教学对学生传授系统的科学文化知识,帮助学生系统地接受知识,了解自然界和社会发展规律,形成科学的世界观和人生观,对学生良好人格的形成和发展具有重要意义。学生接受科学知识的过程,也是紧张、艰苦的劳动过程。在这个过程中,学生要遵守学校的规章制度,遵循一定的学习规律,树立正确的学习目标,克服各种学习困难,形成坚定、自信、坚强、自律等人格特征。

班集体对学生人格的形成具有特殊意义。学生在集体中生活,班级、少先队、共青团及学校社团组织对学生人格的形成具有很大的影响。集体生活有利于学生形成积极、开朗、利他、勇敢等优良人格品质,也有利于其克服孤僻、自私、虚荣等不良人格特征。

d. 社会文化

每个人都处于特定的社会文化中,文化对人格的影响是十分重要的。社会文化塑造了社会成员的人格特征,使其人格特征具有相似性,而这种相似性具有维系所处社会稳定的功能,这种共同的人格特征又使每个人正好能安稳地融入所处社会的文化形态中。所以同一社会环境中的人在人格上是具有一定程度的相似性的,如民族性格等。

1.2.1.4　人格理论

人格心理学家从不同的角度探讨人格(有的重在探讨人格结构,有的重在研究人格形成的条件,有的重在揭示人格发展的内在规律)从而形成了各种不同的理论,其中具有代表性的主要有以下几种。

(1)特质理论

特质理论起源于20世纪40年代,主要代表人物是美国心理学家奥尔波特(Auport)和卡特尔(Cattell),他们认为特质是人们心理上不同于他人的基本特征,是人格的有效组成元素,是常用的测量人格的基本单位。

①奥尔波特的特质理论

奥尔波特于1937年首次提出人格特质理论。他认为人格特质分为两类:第一类是共同特质,即在某一社会文化形态下,大多数人或群体所具有的相同特质。每种共同特质都是一种概括化的倾向。共同特质又可分为两种:一是表现特质,指在支配适应行动的动机体系中使行动具有一定特征的特质,如支配—顺从,扩张—退缩,坚持—动摇;二是态度特质,指对特定情境的适应行动中对人、对己和对价值的态度的特质,如外向—内向,自信—自卑等。第二类是个人特质,即个人身上所独具的特质。个人特质依据其对个性的影响和意义不同可分为三种:一是首要特质,即一个人最典型、最有概括性的特质,影响一个人的一切行为,如同情心可以说是南丁格尔的首要特质,吝啬可以说是葛朗台的首要特质;二是中心特质,即构成个体独特性的几个重要特质,每个人身上有5～10种,如清高、率直、聪慧、孤僻、内向、抑郁、敏感等都属于林黛玉的中心特质;三是次要特质,即个体一些不太重要的特质,往往在特殊情境下才会表现出来,如一个人总是表现得很粗鲁,但在母亲面前却很顺从,这里的"顺从"就是其次要特质。

②卡特尔的人格特质理论

卡特尔把人格特质看作人格"建筑"的"砖石",认为特质是一种心理结构,是人在不同时期和情境中都保持一致的行为倾向。卡特尔支持奥尔波特的观点,认为人类存在共同特质和独特特质。他用因素分析法研究人格特质,认为人格中各种特质相互联系,形成了一定的层次结构。

a．表面特质和根源特质

表面特质主要表现在外部可以直接观察到的行为中；根源特质隐藏在表面特质后，是一个行为的内部根源。

b．体质特质和环境特质

卡特尔认为在根源特质中，有些特质是由先天的遗传因素决定的，称为体质特质；有些特质是由后天的环境因素决定的，称为环境特质。

c．能力特质、气质特质和动力特质

卡特尔认为能力特质是决定一个人有效地完成某一活动的根源特质，分为流体特质和晶体智力两类；气质特质是决定一个人情绪反应的速度与强度的特质；动力特质是使一个人趋向某个目标行动的特质，包括本能特质和习得特质。

卡特尔经过多年的研究，积累了丰富的关于人格特点的资料，通过因素分析法，最后从众多的表面特质中归纳出 16 种人格特质：乐群性、兴奋性、怀疑性、实验性、聪慧性、有恒性、幻想性、独立性、稳定性、敢为性、世故性、自律性、恃强性、敏感性、忧虑性和紧张性等。

卡特尔认为这 16 种特质是各自独立的，它们普遍存在于各年龄段和处于不同社会文化环境的人身上，只是在不同的人身上有不同程度的表现而已。我们每个人的性格特点不同就是由这 16 种特质在每个人身上的不同组合决定的。这为人格测验提供了可能性和理论依据。假如能够测出一个人身上这 16 种特质的含量，就能得到这个人的人格特征。因此，"卡特尔 16 种人格因素问卷"在心理学界和有关领域中得到了广泛的应用。

③"三因素模式"论

艾森克依据因素分析法提出了人格的"三因素模式"，"三因素"是指内外倾向性、情绪稳定性、精神质。艾森克认为这 3 个基本因素的某种结合与一定的行为类型相关联。3 种特征因素可排列组合成 8 种情况，从而把人格分成 8 类，并依据这一模式编制了"艾森克人格问卷"，至今仍被广泛应用。

④"五因素模式"论

塔佩斯（Tupes）和克罗斯特尔（Christal）运用词汇学的方法对卡特尔特

质因素进行了分析研究,发现了构成人格的相对稳定的 5 个因素,即神经质(情绪稳定性)、外向性、开放性、随和性(宜人性)、尽责性。科斯塔(Costa)和麦克雷(McCrae)在此基础上编制了"大五人格因素测定量表"

(2)类型理论

类型理论是 20 世纪 30—40 年代产生于德国的一种人格理论,主要用来描述不同类别的人的心理差异,即人格类型的差异。

①单一类型理论

该类型理论依据一群人是否具有某一特殊人格来确定人格类型。其中具有代表性的是美国心理学家法利(Farley)提出的 T 型人格,这类人格具有爱冒险、好刺激的人格特征。

②对立类型理论

该类型理论依据某一人格维度的两个相反的方向来确定人格特征。

a. A—B 型人格

近年来,国内外研究者发现易患心脏病的人在生活适应性上具有一些看起来与众不同的性格特征,称为心脏病易感行为模式,并据此划分出 A 型人格和 B 型人格:A 型人格行为模式(心脏病易感行为模式)的主要特征是争强好胜,喜欢竞争、权力和受人关注,不喜欢浪费时间,总有时间紧迫感,每天把日程安排得满满的,总是精力旺盛、充满激情地从事工作,但遇到挫折时易愤怒和反击,缺乏足够的容忍度;B 型人格行为模式的主要特征是悠闲、松弛,不紧迫,偶尔也会努力工作,但不争强好胜,遇事比较平和,受挫时反应平静,善容忍,少敌意。

b. 内—外倾型人格

荣格根据一个人的关注点是指向外部客体还是指向内部主体,把人区分为外倾型和内倾型两种类型。外倾型的人表现为感情外露,热情奔放,独立自主,行动敏捷,但有时比较轻率;内倾型的人表现为深思熟虑,谨小慎微。

1.2.2 认知风格

主要的认知风格有:场独立性—场依存性,冲动型—沉思型,同时性—继时性等。

1.2.2.1 场独立性—场依存性

该认知风格是由威特金等为解释知觉过程中的个体差异而提出的,主要是指人处在知觉外物的空间位置时,以外在的视野还是以身体本身作为主要参照的对比倾向。这一对倾向可通过威特金等设计的棒框测验(RFT)、身体顺应测验(BAT)、转屋测验(RRT)来测定。

场独立性的人在信息加工中对内在参照有较大的依赖性,他们有较高的心理分化水平,与人交往时表现出比较弱的人际交往技能;而场依存性的人在信息加工中对外在参照有较大的依赖性,他们的心理分化水平比较低,与人交往时能察言观色以采取相应的态度和行动,表现出较强的人际交往技能。整体而言,场独立性和场依存性无好坏之分。场独立性的人认知重构能力较强,在认知领域中具有一定的优势;而场依存性的人社会交往能力较强,在人际交往中具有一定的优势。

1.2.2.2 冲动型—沉思型

1964 年,卡根(Kagan)等通过研究人们对问题的思考速度上的差异,提出了两种不同的认知风格即冲动型与沉思型。冲动型的特点是反应快而精确性较差。冲动型的人面对问题时总是急于求成,不能全面细致地分析问题的各种可能性,不管正确与否就急于表达,有时甚至还没弄清问题的要求,就开始解答问题。他们使用的信息加工策略是整体性策略,所以当工作任务要求做整体性解释时,表现较好。沉思型的特点是反应慢而精确性较高。沉思型的人会对问题做全面考虑而后再做反应,他们看重解决问题的质量而不是速度。当他们回答较熟悉、简单的问题时,反应也是比较快的。他们使用的信息加工策略是细节性策略,所以当工作任务需要进行细节性分析时,表现较好(Kagan,Rosman,Day et al.,1964)。

1.2.2.3 同时性—继时性

1975 年,达斯(Das)等通过对脑功能的研究,提出了同时性和继时性两种认知风格。他们认为,左脑优势的个体主要表现为继时性的加工风格,他们解决问题时,能逐步分析问题,一个步骤只考虑一种假设或一种属性,提出的假设有明显的先后顺序,第一个假设经检验成立后再检验第二个假设,整个过程一环扣一环,像链条一样,直到找到正确的答案。记忆和言语操作属于继时性加工。具有同时性认知风格的人,在解决问题时从多角度出发,同时考虑多种假设,能考虑到问题的各种可能性。解决问题的方式属于发散式。大多数数学操作、空间问题的操作都属于同时性加工(Das,kirby,Jarman,1975)。

1.2.3　年龄

关于年龄对框架效应的影响,有很多研究都进行了探讨,但现有的研究结论还存在一些争议。有研究发现,年龄影响框架效应而且对不同框架的影响是不同的。Mikels 和 Reed(2009)主要选取了年轻人和老年人两组被试,每组都是确定的保守选项和风险选项,通过设计的"赌钱游戏"进行研究。结果表明,在获益框架下,年轻组和老年组都趋于风险规避,没有年龄差异;但在损失框架下,年轻组比老年组更多地表现出更趋于风险寻求,具有明显的年龄差异(李四兰,2012)。Lauriola 和 Levin(2001)划分不同的年龄组(21~40 岁,41~60 岁,61~80 岁)进行研究,发现不同框架下的决策结果出现了年龄差异。在正向框架下,年轻组比其他两个被试组更趋于风险寻求,而在负向框架下,其风险寻求倾向则低于其他两个被试组。有的研究表明,无论正向还是负向,年轻人都比老年人更易受框架效应的影响(Mikels,Reed,2009)。但也有研究得出了相反的结论,认为相比年轻人,老年人更易出现框架效应,他们更易受语言描述的影响,因此在正向框架下,他们比年轻人更趋于风险规避;在负向框架下,比年轻人更趋于风险寻求。但如果要求他们对选择的风险方案解释原因,老年人和年轻人一样,风险选择框架效应明显减少(Kim,Goldstein,Hasher et al.,2005)。有些研究者认为年龄对框架效应的影响会因决策领域或任务情境的不同而不同,在金钱任务情境中,只有年轻人具有风险选择框架效应(Mikels,Reed,2009);而在生命任务情境中,老年人具有更强的风险选择框架效应(Goldstein,Hasher,Zacks,2005)。当然也有研究者发现,风险选择框架效应不存在年龄差异,他们也设置了不同的任务情境包括生命、收藏和金钱等,结果发现不同年龄组间并不存在风险选择框架效应的年龄差异(Rönnlund,Karlsso,Laggnäs et al.,2005)。

1.2.4 性别

关于性别对框架效应的影响,有许多学者对近十几年的相关研究进行了归纳总结,认为性别是影响框架效应的主要个体特征,不同性别存在显著不同的框架效应(梁竹苑,2007;黄玮,2008;Fagley,Coleman,Simon,2010;于会会,徐富明,黄宝珍,等,2012)。Fagley 和 Miller(1997)针对大学生设置了生命救援的任务情境以进行框架效应的研究,发现女生出现了典型的框架效应而男生并没有受到语言框架的影响,因此提出在研究风险选择框架效应时应考虑性别因素对框架效应的影响(Wang,Simons,Bredart,2001;段锦云,曹忠良,娄玮瑜,2008)。也有研究认为男女只是在不同框架下的框架敏感性不同,但都会受到框架效应的影响(何贵兵,梁社红,刘剑,2002)。

在不同的决策领域里,框架效应是存在性别差异的。在生命领域和金钱领域的框架效应研究中,发现男女都表现出了框架效应,但在金钱领域男性较女性表现出了更强的框架效应,在生命领域女性比男性表现出了更强的框架效应(Huang,Wang,2010)。也有研究表明在生命救援问题背景下,女性比男性更容易表现出框架效应(王凯,2010)。在关于高三学生的研究中,在生命救援、财产问题等决策情境下,女性被试都出现了显著的框架效应,男性在生命救援、医疗救治决策情境中受到了框架效应的影响(黄玮,余嘉元,2008)。框架效应的性别差异还受不同框架的影响,在关于军校学生的研究中,在正向框架下,女性没有表现出明显的框架效应,选择肯定方案和风险方案的人数几乎相等;但在负向框架下,选择风险方案的人数几乎是选择肯定方案人数的 3 倍。男性被试在两种框架条件下都倾向于选择风险方案(张银玲,苗丹民,2006)。在关于运动员的研究中,只有男性被试产生了框架效应,而女性被试却没有(李胜明,李昊,赵晓玲,2009)。

由此可见,在大多数情况下,性别因素确实会影响框架效应,只是在不同决策情境,针对不同的研究对象和决策内容,框架效应中的性别差异是不稳定的,主要表现为女性表现出框架效应而男性没有;或者男性表现出框架效应而女性没有;或者男性与女性被试都出现了框架效应,但是两者在不同的框架下对框架效应的敏感性存在差异。

1.2.5 风险偏好

预期理论认为,除决策者对风险情境的表征外,决策者的风险偏好也是风险行为的重要影响因素(Kahneman,Tverksy,1979)。Mellers(1994)也曾指出,没有一种简单的判断模式可以描述全部的风险判断行为,因为行为不仅受诸多情景因素的影响,而且还受制于个体本身的风险偏好。被试的风险偏好类型在很大程度上影响了被试的风险判断模式(谢晓非,郑蕊,2003)。风险偏好是个体对风险的态度,是一种较为稳定的个性特征,它表现在风险行为即冲动性决策的倾向性动机上(梁竹苑,许燕,蒋奖,2007;杨静,2009)。

研究者们针对风险偏好与风险选择框架效应的关系展开了一系列研究。有研究发现,个体的风险偏好与风险选择中的不同偏差密切相关,与风险表现一致的个体相比,表现不一致的个体稳定性更高,风险追求程度更低(Soane,Chmiel,2005)。风险偏好和不同框架、不同框架效应类型下的风险选择都存在着一定的关系,高风险偏好与风险寻求显著相关,风险偏好在获益情况下能够较好地预测风险寻求行为,风险偏好能较好地预测不同类型决策的框架效应(Levin,Huneke,2000)。谢晓非等(2002)对个体的冒险倾向与任务情境进行了研究,发现情景类别对被试的冒险倾向有影响,"获益"和"损失"情景能够影响个体的冒险倾向,"获益"情景下的风险偏好指数显著高于"损失"情景下的风险偏好指数;而"量"对个体冒险倾向也有显著性影响,并与情景产生交互效应。有研究者发现,对一些高风险偏好且责任心较低的决策者而言,当任务情境发生一些出乎意料的变化时反而能做出更好的决策(Le Pine,Colquitt,Erez,2000)。另外,风险判断模式受风险偏好类型和风险选择任务结构等多种因素的影响。李劲松和王重鸣(1998)从不同角度对风险偏好类型进行了研究,认为风险偏好有四种类型,包括理智型、复杂型、风险回避型和风险寻求型。也有研究者支持风险偏好模式以单峰模式为主，并探索性地进行了跨文化研究（马剑虹、施建锋，2002）。

目前关于风险偏好影响框架效应的理论解释有效用理论和组合理论。效用理论认为，决定决策行为选择的主要因素是效应，决策的目的是实现个体效用最大化，如果效用恒定，那么个体的风险偏好对决策方案的选择就不会产生太大的影响。组合理论认为，个体进行方案选择时并不是一味地追求效用最大化，尤其在风险条件下，个体需要协调效用和个体风险偏好水平之间的关系，在二者对己而言比较平衡的条件下才可接受（杨静，2009）。除此之外，风险即情感假设理论指出，风险偏好在一定程度上影响了决策的结果，人们在某种程度上是基于他们对各种选择的愉悦反应而做出决策的，而是否远离决策风险取决于他们的风险偏好水平，也就是喜欢或者害怕风险选项的程度（Hsee，Weber，1997）。也有理论认为个体的风险偏好对风险选择的影响主要是通过影响个体的认知方式而产生的，他们对决策结果的关注点是不一样的，保守的人更多地关注消极的、不好的一面，而冒险的人更多地关注积极的、好的一面（Lola-Lopes，Oden，1999；谢晓非，郑蕊，2003）。

1.2.6 认知需要

认知需要（need for cognition）是指个人愿意从事和喜欢思考的内在倾向性（Cacioppo，Petty，1982），是一个高度稳定的结构，较少受到社会称许性的影响（Sadowski，Guloz，1992）。不同于认知能力，认知需要与智力中度相关，（Zhang，1996）。

已有的一些研究表明，认知需要会影响框架效应（Chatterjee，Heath，Milberg et al. ，2000；Shiloh，Salton，Sharabi，2002；Simon，Fagley Halleran，2004；段锦云，2008）。研究者一般根据认知需要的高低来分组，具体讨论认知需要对框架效应的影响，但因为是从不同的角度进行的研究，所以结论并不一致。有研究发现认知需要高的人没有出现框架效应（Chatterjee，Heath Milberg et al. ，2000）。也有研究认为认知需要和其他个体特征共同影响框架效应，比如认知需要、数学技能和信息加工深度对框架效应有交互影响作用,认知需要低时,与数学技能无关,直接受框架效应的影响做出决策选择。认知需要高时,数学技能有关:认知需要和数学技能都高时,做出的决策选择不受框架效应的影响,框架效应不存在;认知需要高但数学技能低时,出现框架效应(Simon,Fagley, Halleran,2004)。也有研究从信息加工深度方面分析,高认知需要和高理性的个体不易出现框架效应,他们更可能做出规范性的判断;而低认知需要和低理性的个体更易出现框架效应,因为低认知需要、低理性的个体在信息加工时更易采取启发式策略,做出启发式判断(Shiloh,Salton,Sharabi,2002;Peters,Västfjäll,Slovic et al., 2006)。也有研究证实,高认知需要会引起正负框架选择的一致性,但认知需要和提供决策理由都没有影响或削弱框架效应(Le Boeuf,Shafir, 2003)。

1.2.7 决策风格

以往研究中关于决策风格(decision style)对决策的影响一般是通过对决策风格的分类,进而研究某种决策类型对其决策过程的影响。研究者们从不同的研究角度对决策风格进行了界定,心理学家斯腾伯格(Sternberg,1999)研究了能力和风格的关系,认为能力是指个体能否高效率地完成某项任务,而风格是指个体完成某项任务时采用的具体方式,它体现了个体运用技能的动机和偏好。Rowe 和 James(1983)认为所谓决策风格是个体在决策过程中对问题做出反应的独特方式,它体现了个体的认知方式和价值观以及处理压力时的习惯性思维方式。也有研究者认为决策风格是接受决策任务并做出反应的习惯性个人特征模式(Harren,1979),体现了个人做出决策时的一种习惯性特征(Driver,Brousseau, Hunsaker,1990)。

人们进行信息整合的方式不同,因而形成了各自不同的决策风格。决策风格影响着个体的目标定向,进而影响其整个风险选择过程,所以探讨决策风格的类型是目前的主要研究目标,不同的学者从不同的角度,依据不同的标准对决策风格进行了分类(Eisenhardt,1989;Russo,1998)。Driver 等(1990)依据信息使用量的大小,把决策风格分为五类,包括决定型、弹性型、阶级型、整合型和系统型;Mckeeney 和 Keeney(1992)依据信息收集和信息整合的方式,把决策风格分为四类,包括系统—知觉型、系统—接纳型、直觉—知觉型、直觉—接纳型;Henderson 和 Nutt(1998)依据信息加工方式把决策风格分为两类,即分析型(analytic)与启发型(heuristic),分析型的主要特点是在收集分析资料、整合备选方案之后做出判断,而启发型的主要特点是运用常识和直觉来选择最佳方案;罗宾斯(2004)依据个体思维方式和模糊承受力的不同,把决策风格分为四类,即命令型和分析型、概念型和行为型。目前较通用的是 Scott 和 Bruce(1995)的分类,他们依据决策者的习惯性决策方式,将个体的决策风格分为理智型、直觉型、依赖型、回避型(逃避型)和冲动型五类。

1.3 框架效应的研究

1.3.1 框架效应的验证性研究

国内外学者对框架效应是否普遍存在的问题进行了诸多验证性研究。一些研究者认为只有在假想的或非经济条件下的决策环境中才会产生框架效应。为此,研究者们从以"亚洲疾病"问题为例的生命领域,扩充到其他不同的领域,任务情境包含核泄漏或化学废弃物排泄事故中人类的安全问题,也有枯燥乏味的会议或交通堵塞中时间的损失问题,他们把大量的现实生活问题设置成风险情境来验证框架效应是否存在。这些研究结果均表明绝大多数的任务情境下都存在框架效应(俞文钊,鲁直,唐为民,2000)。还有研究发现内科医生对不同的治疗方案进行决策时,在一定程度上也受到了框架效应的影响(Tversky,1989;饶育蕾,刘达峰,2002)。当然也有研究结果并不支持决策中存在框架效应的说法,比如采用学校预防退学作为风险选择情景时,被试的决策结果没有出现明显的框架效应(Fagley,Miller,1997);采用日常生活中的瓦斯爆炸问题作为风险选择情境时,结果也没有出现明显的框架效应(李纾,2001)。

但绝大多数研究都证明不同领域的行为决策问题中,普遍存在着小到中等强度的框架效应,只不过不同研究间的差异比较明显。虽然测试程序的不同会对框架效应产生相当大的影响,但都能说明框架效应该是一个比较可靠和稳定的现象(Kuhberger,1998)。只是决策任务特征不同,框架效应会随着损益概率大小的不同而不同,大概率时存在而小概率时不存在或者结果正好相反(何贵兵,1996)。但框架效应的确存在于某类风险情景之中(谢晓非,王晓田,2002),框架效应的动态特性受任务性质、任务内容和所处情景的共同影响(王重鸣,梁立,1998),原型知识、任务框架和即时情绪共同影响被试在得益和损失两种任务框架下的风险偏好预测(何贵兵,梁社红,刘剑,2002),不同的受测群体,决策者与任务之间的利害关系会影响框架效应,如大学生在整体上受到决策方案的框定方式的影响,而股民的决策则与方案的框定方式相互独立(孙彦,2003)。

1.3.2 青少年框架效应的研究

通过前面的文献梳理,已知框架效应对决策的干扰是客观存在的,使得决策者"戴上有色眼镜",出现决策偏差而对两个实质相同的方案做出不同的决策选择(Kuhberger,1998),对青少年这一特色群体的框架效应研究自然也成了心理学决策领域的研究重点。

在人类的毕生发展中,个体向成年期过渡的青少年时期相对较短,但是不可或缺的(Weisfield,1997)。这一时期的年轻人普遍经历了生理上的变化,在认知思维、情绪情感、人际关系方面都发生了一系列变化。社会期望他们放弃幼稚的行为,发展起新的人际关系,承担起更大的责任,需要他们自己决策判断的行为会越来越多。但青少年的决策与判断受到多方面的影响,如认知因素、情感因素及生理因素等,而认知与思维能力的成熟不仅提高了认知效率,还可能引发框架效应等许多认知错觉,所以随着年龄的增长,青少年有可能越来越多地参与冒险行为。

一般认为,青少年被试比成人被试更倾向于风险寻求。但研究发现,不同年龄阶段的青少年,其框架效应是不一样的。Reyna 和 Ellis(1994)研究发现较大儿童在风险选择中表现出经典框架效应,而较小儿童在风险选择中框架效应不明显,随着年龄的增加,儿童的风险规避并没有一味增加(Renav,Ellis,1994)。而且儿童在损失框架下表现得更具风险寻求倾向来避免损失,在获益框架下框架效应不明显(Levin,Hart,2003)。针对不同学业阶段的青少年所进行的研究发现,三个学业阶段(初二、高二、大二)的青少年在不同的风险选择任务情境下,都表现出框架效应,但相对于初中生和高中生,只有大学生被试存在经典框架效应(王青春,阴国恩,张善霞,等,2011)。在娱乐节目为背景的风险选择任务中,在获益和损失框架下和不同风险概率水平上,初中、高中生、大学生表现出不同的框架效应(钟赟,2008)。当然,也有研究认为青少年的框架效应并不明显(Chien,Lin,Worthley,1996)。总之,探讨青少年的风险选择框架效应需要考虑年龄和问题背景(Wang,1996)。

关于青少年产生框架效应的原因,也有许多不同的理论阐述,其中主要是认知机制方面和信息加工深度方面的解释。随着个体年龄的增长,青少年的认知能力日益成熟(Flavell,1999;Ornstein,Haden,Hedrick,2004),其在决策判断时应该更加理性,随着年龄的增长冒险性应该不断减少。但通过现实观察和相关研究发现,青少年在风险选择中更倾向于风险寻求,冒险行为明显多于儿童和成人(Jessor,1991)。所以有研究认为,在面对既有潜在获益又有潜在损失的风险情境中,青少年对损失的变化相对不敏感,而更关注获益的变化(Millstein,Halpern-Felsher,2002)。也有研究认为伴随着大脑认知控制系统的变化,个体的自我调节能力也在不断提高,在期望值判断的任务中,成年人的认知和调控能力比青少年发展得更完善,他们更愿意选择获胜概率大的结果而避开风险,而青少年更倾向于风险寻求(朱莉琪,方富熹,皇甫刚,2002)。对此也有其他一些解释,比如由于青少年缺少评估不同结果的可能性的能力,也缺乏决策所需要的必要信息(Halpem-Felsher,Cauffman,2001),或者是因为青少年认知正处在发展完善过程中,对行为结果预测不周,决策能力相对不够成熟,还不能准确评估自身的承受能力而趋于冒险(Baron,Granato,Spranca et al.,1993;Halpem-Felsher,Cauffman,2001)。当然,这些研究结论有的是运用自我报告法,主要是通过了解被试某些方面的决策问题而进行调查分析的,研究范围相对有限,缺少对比性调查研究,所以有一定的局限性(Boyer,2006)。当然也有研究从不同的角度进行了解释,认为青少年具有潜在风险性评估能力,足以评估冒险行为,不会对风险结果毫无防备(Beyth-Marom,Austin,Fischhoff et al.,1993;Reyna,Farley,2006)。

另一个主要理论是双系统理论,它认为在判断和决策过程中人脑运用的是双系统加工模式(黄苏英,2013),Stanovich 和 West(2000)对两个系统个做了经典描述:一个是启发式或整体性系统,是不需要付出太多认知努力的自动加工过程,反应速度快且与情绪密切相关;一个是分析式或系统性系统,是需要做出认知努力的受控制过程,处理速度慢且不受情绪影响。认知发展观认为个体的认知是从启发式的感性加工向分析式的理性加工发展的,随着年龄的增长,分析式的理性加工能力应该越来越强(Reyna,1991)。但双系统理论认为个体认知发展包括两个方面:一方面是逻辑与计算系统的发展。随着青少年思维监控能力的发展以及动机的增强,他们开始更多地采用分析式的加工系统,拒绝启发式的思考方式,尤其是随着元认知能力的日益成熟,青少年的决策能力也不断提高,更加成熟(Klaczynski,2005)。另一方面是自动化认知系统的发展,当采用社会情境下的决策任务进行研究时,发现随着年龄的增长,青少年更倾向于使用社会情境中一些突出的情境信息,更容易利用先前经验来推理问题,运用典型的启发式思维,所以也容易出现错误。总之,青少年已经具有了分析式加工系统的能力,同时也能进行启发式思考,所以自动化认知系统的成熟提高了个体的总体认知效率,同时也会出现框架效应、表述方式效应等一些认知错觉(黄苏英,2013)。

总而言之,关于青少年风险选择中的框架效应问题和理论解释还存有一定的争议。但综合国内外的相关研究可知,在大多数情况下,青少年风险选择框架效应确实存在,而且框架效应的大小受决策领域、决策者的个体特征、文化情境背景等多方面因素的影响。

2 风险选择框架效应的实证研究

2.1 问题提出和研究设计

第一,在研究背景上,伴随着进化论研究范式在决策心理研究中的兴起,研究者们更加关注文化背景下的决策差异,但亚文化范围内的研究还不是很多,尤其是立足于区域民族文化背景,探讨少数民族的个体特征和风险态度的特殊性,对少数民族个体的风险选择框架效应进行研究的也不多见。

第二,在研究对象上,以往研究大部分是以某一年龄段的青少年为被试群体,对整个青少年期是否存在风险选择框架效应,目前还没有定论,而且当被试群体变化时,框架效应下的决策结果是否也随之发生变化也是当前需要研究的问题。

第三,在研究设计上,目前的研究中以青少年为被试的研究大部分是以年级来划分的,系统地运用发展性研究方法进行横断研究,以探讨青少年各个年龄段之间不同风险选择框架效应的研究还不多见。

第四,在研究方法上,目前对框架效应个体因素的研究比较多,但大多是关于某一个体因素的影响,对多个主要个体特征对风险选择框架效应的影响研究还不是很多,在此基础上探讨个体特征与风险选择框架效应关系模型的研究更不多见,所以在这一方面还是很有研究的必要的。

第五,在理论基础上,根据文献梳理可知关于框架效应的研究结果也各有不同,决策的发展性研究也产生了很大的分歧,有的理论认为青少年的个体认知能力、决策能力还没有发展完善,所以决策还会出现偏差;有的理论则认为青少年已经具备了充分的决策能力,只是决策过程中还不稳定,所以才会导致偏差。因此还需要大量的验证性资料为理论的发展提供依据。

综合以上分析,本书拟以预期理论为理论基础,在蒙古族区域文化背景下选取实验材料,筛选出具有典型意义的风险选择事件,采用横断研究设计,以9~18岁蒙古族青少年为研究对象,运用问卷调查、横断研究设计法和测量法,分析蒙古族青少年在风险选择方面是否存在框架效应及其发展特征,并从个体特征出发,分别研究了个体在不同决策领域的不同框架下,不同年龄、不同性别的蒙古族青少年的风险选择与其风险偏好、认知需要和决策风格之间的关系,分析了风险偏好、认知需要和决策风格对蒙古族青少年风险选择框架效应的影响,并据此建立了蒙古族青少年风险偏好、认知需要和决策风格对风险选择框架效应的作用模型。

2.2 研究方法

2.2.1 研究对象

被试总体:主要是来自内蒙古东部地区和西部地区的蒙古族学生,年级取小学三年级到大学一年级之间,取样时在条件允许的情况下,尽可能做到性别平衡。选取有效被试共 1600 人,其中男生 790 人,女生 810 人。依据年龄分为 9～10 岁组(平均年龄为 9.51±0.41 岁)、11～12 岁组(平均年龄为 11.48±0.39 岁)、13～14 岁组(平均年龄为 13.39±0.42 岁)、15～16 岁组(平均年龄为 15.81±0.48 岁)、17～18 岁组(平均年龄为 17.85±0.49 岁)共 5 个年龄组,每个年龄组人数均等,为了避免性别误差,在数据材料充分的条件下,男女生基本各占一半。研究中被试年龄段,正处于已有研究中所界定的青少年阶段(Burke, Burke, Regier et al., 1990; Angold, Costello, Worthman, 1998; Wade, Cairnery, Pevalin, 2002; 张文新, 2002; Ferreiro, Seoane, Senra, 2011)。各年龄组简称为 9 岁组、11 岁组、13 岁组、15 岁组、17 岁组。

2.2.2 研究工具

本书使用的研究工具主要来源于两个方面:一是在框架效应的相关理论基础上,严格依据框架效应研究范式,自行编制的风险选择框架效应问卷;二是其他相关研究者编制的测量个体特征的风险偏好量表、认知需要量表和决策风格量表。量表都是经过心理学专业蒙汉双语硕、博研究生和教授翻译、回译并讨论后形成的蒙古文版本,根据民族文化特点和蒙古族语言习惯进行了一定的调整和修订。曾邀请任课教师和部分中小学生对句意表达、句子难度、语境恰当性和理解度进行评定,并提出相应的修改意见,使量表更加符合蒙古族青少年的语言习惯和民族风格。

具体测量工具的有效性检验见本书第二部分。

2.2.3 具体方法

本书主要运用了横断研究法、描述法、相关法和问卷调查法,利用统计分析中的卡方检验、方差分析及 Logistic 回归分析等统计手段,使用 SPSS 19.0、SAS 9.4 软件对数据进行分析。

2.3 研究框架

本书是在区域性民族心理学的研究范畴内，选取了民族决策的心理特征这部分内容进行较深入研究。首先，对有关研究工具进行了蒙古文版的编制与修订。先依据风险选择框架效应的研究范式，结合相关文献研究选取典型风险选择事件，在此基础上编制风险情景问题，通过选取部分蒙古族青少年被试进行预测，以确定最后的施测情境问题。风险选择事件主要选取了正负向框架下的"亚洲疾病"问题等三类典型的风险选择事件，分别代表生命、生活和娱乐三个不同的决策领域。从而编制了蒙古文版的风险选择框架效应问卷。其次，对测量工具风险偏好量表、认知需要量表、决策风格量表进行了信度和效度检验，以检验测量工具的有效性，完成了所需量表的蒙古文版修订。

第一部分主要是对风险选择框架效应进行系统性研究，以探讨蒙古族青少年的风险选择结果是否受框架效应的影响，蒙古族青少年的风险选择框架效应是否存在阶段性特征，以及具有怎样的年龄发展特征。第二部分主要是在第一部分的基础上，试图从风险偏好、认知需要和决策风格三个方面探讨不同年龄、性别的蒙古族青少年的个体特征与风险选择框架效应的关系，以揭示蒙古族青少年风险选择框架效应的个体差异。这一部分主要包括三个子研究：子研究 1，在不同决策领域不同框架效应下，通过研究不同风险偏好水平的蒙古族青少年的决策结果，探讨风险偏好与蒙古族青少年风险选择框架效应的关系。子研究 2，在不同决策领域不同框架效应下，通过研究不同认知需要的蒙古族青少年的决策结果，探讨认知需要与蒙古族青少年风险选择框架效应的关系。子研究 3，在不同决策领域不同框架效应下，通过研究不同决策风格的蒙古族青少年的决策结果，探讨决策风格与蒙古族青少年风险选择框架效应的关系。蒙古族青少年的个体特征即风险偏好、认知需要、决策风格与其风险选择框架效应究竟是怎样的关系，是如何对其决策结果产生影响的，这也正是本书第三部分的研究内容。该部分主要是运用 Logistic 回归分析技术，构建蒙古族青少年个体特征因素与风险选择框架效应的作用模型,以确定蒙古族青少年的个体特征因素在其风险选择判断中的位置和重要作用。

本书研究框架如图 2-1 所示。

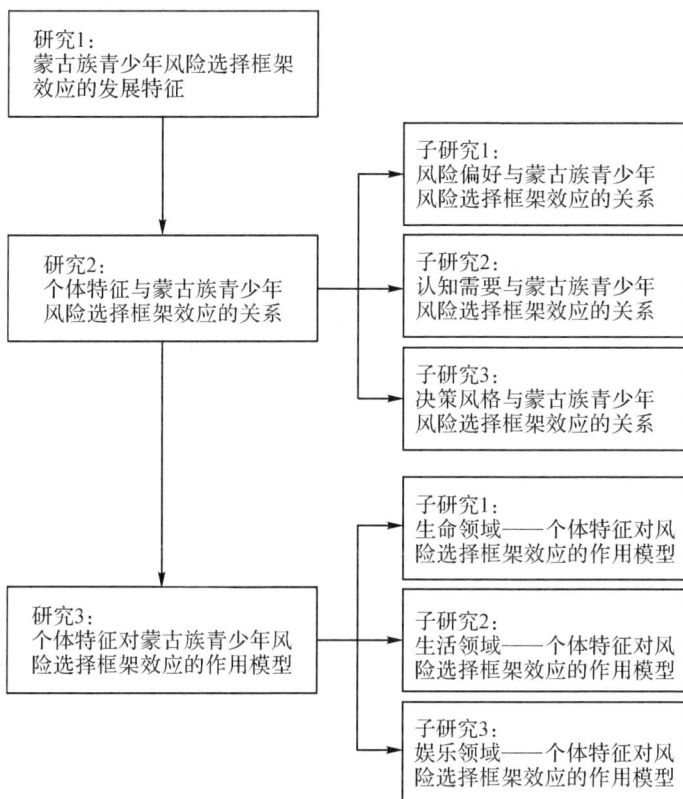

图 2-1　本书研究框架

2.4 研究意义

第一，随着我国对本土民族文化的日益重视，民族文化研究在未来可能会成为热门。风险选择中的决策判断涉及社会观念、个体风险意识等因素，而这些与社会环境和民族文化背景紧密相连。关于风险认知与决策判断关系的研究起源于西方，对我国被试进行研究时，由于人们对风险的认识和感受性方面有较大的文化差异，所以为了避免概念理解不同导致认知偏差，我们最好不要直接采用西方学者对风险的定义。要想准确定义本民族所具有的真实的风险概念，就必须直接从本民族的样本中获取数据（谢晓非，郑蕊，2003）。

第二，几乎所有的个体都会在儿童期之后，在完全承担起成人角色之前，都要经过一个中间阶段（Schlegel，Barry，1991），即青少年时期，我们必须对青少年发展中社会与文化的影响予以极大的关注（贝克，2008）。目前，关于青少年风险选择框架效应的研究，任务情境设置比较单一，关于年龄、性别等个体特征对决策的影响还存有争议，所以本书严格依据框架效应研究范式，借鉴以往有关学者的研究考察不同决策情境下蒙古族青少年风险选择框架效应的发展特征还是十分必要的。

第三，从测量手段上看，本书主要是探讨蒙古族青少年被试的决策及框架效应，在研究方法上主要借鉴了西方较为成熟的测量量表，在使用过程中主要进行了蒙古文版的本土化修订，编制了符合蒙古族特色的决策情境问卷，个体特征量表翻译成蒙古文后在蒙古族青少年中做了预测和信效度检验，从而形成了有效的研究工具及测量手段。这一方面能为量表的跨文化应用提供一个有效的例证，另一方面也能为形成系统有效的本土化民族研究模式提供一定的参考。

第四，从决策理论和决策模型的发展角度来看，目前国内学者正处于建立中国人的认知与决策模型，探讨中国人的认知与决策特征的努力中（谢晓非，郑蕊，2003）。通常，决策理论都是假设个体在做出决策时会遵循某一过程，如果研究发现个体的决策过程存在反应差异，那么我们不但可以利用这个结论对决策理论假设进行直接检验,而且可以为决策中的非理性选择提供新的理论解释(于会会,徐富明,黄宝珍,等,2012)。因此,本书针对蒙古族青少年风险选择框架效应的个体特征进行了探讨,一方面期望能进一步检验和深化原有的框架理论,另一方面也期望能为新的解释视角提供些许启示。

第五,关于框架效应的文化研究目前主要集中在东西方文化对比上,对一个国家不同亚文化导致的决策差异缺少关注。特别是像我国这样一个统一的多民族国家,许多少数民族都有自己的独特文化,然而关于我国不同民族的决策特点的研究成果却很少,因此本书希望能为文化对决策的影响提供更多的依据,为民族心理学的发展提供一定的支持与借鉴。

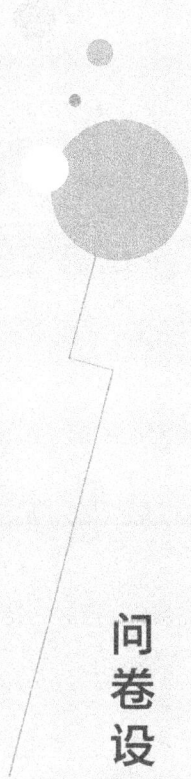

问卷设计

3 风险选择框架效应问卷(蒙古文版)

为了减少量表的文化偏差,提高它们的跨文化应用性,为了更加符合蒙古族区域性文化特点,本书依据严格的科学方法对测量工具进行了项目选择、编制和修订,主要编制了蒙古文版风险选择框架效应问卷。

3.1 框架效应的研究范式

行为决策研究中,"亚洲疾病"问题是框架效应的经典研究范式,这一范式是使用率最高、运用最广泛的测试类型,也是经过研究验证的最稳定的框架任务类型。类似于"亚洲疾病"问题的其他领域问题的设置被称为行为决策框架任务,典型的行为决策框架任务包括三个显著特征:首先,参加者面对一个有两个选项的问题,一个选项是风险规避的,另一个选项是风险寻求的;其次,问题的框定方式是确定的,包括"获得"或是"失去";最后,每个框架、每个选择方案的期望值是相同的或是同等数值(Levin, Schneider, Gaeth, 1998)。

3.2　风险情境问题的筛选

框架效应来源于对情境的"认知偏差",所以它会因决策情境的不同而产生不同的决策结果。风险选择行为是在风险情境中做出选择和判断的一系列心理行为,所以风险情境即任务领域会对决策者的选择倾向产生重要的影响。框架效应研究中最为多见的是经典的"亚洲疾病"问题情境,也有研究者从实践应用的角度尝试着把框架效应引入其他情境中(Stapel,Koomen,1998;Highhouse,Paese,Leatherberry,1996;段锦云,2008)。本书在以往研究的基础上,结合蒙古族的民族文化特点,拟通过一定的实证考查,确定最具普遍性和代表性的,符合蒙古族青少年民族特点的风险情境问题,以期最大限度地提高研究的生态效度,使研究更具真实性和应用性。

在任务情境的材料选择中,笔者主要出于以下两点考虑:一是因为研究还是顺应 Tversky 和 Kahneman(1981)的思维探讨哪类个体或群体在什么条件下更易受框架效应的影响,所以经典案情资料"亚洲疾病"问题仍保留作为生命领域的实验资料;二是对中学生而言,学习情境是他们最为熟悉的,但受学生学习态度影响较大,所以为了避免受学生的习惯性态度和社会称许性的影响,本书选取了生活领域和娱乐领域,以考察他们较为真实的决策判断情况。在情境问题选择和问卷编制过程中主要借鉴了以往研究中提到的较为科学有效的方法(董俊花,2006)。

3.2.1　研究对象

本书随机选取普通蒙古族中学生 30 人,以开放式问卷的形式,发放问卷30 份。

3.2.2　测试过程

在收集实验材料的问卷中,先发放日常生活和娱乐活动中感到两难或冲突矛盾的事件清单,然后请被试从中选择,要求生活和娱乐每个方面至少选出 3 项。调查问卷收回后剔除无效问卷,最终获得有效问卷 26 份。经过数据整理、分析,筛选出频次在前 6 位的事件,其中,前 3 个事件为生活事件,后 3 个事件为娱乐事件,结果如表 3-1 所示。

表 3-1 风险选择事件

序号	决策事件	频 次	百分比/%
1	草原 24 小时野外生存活动	5	19.2
2	草原暴风雪事件	12	46.1
3	草原狼事件	9	34.6
4	草原冰雪节	6	23.1
5	草原安代舞大赛	7	26.9
6	草原那达慕大会	11	42.3

然后,我们把筛选出的 6 个决策事件重新编制成调查问卷,随意选取蒙古族青少年 30 人,被试按照风险性和可能性的程度打分,分值范围是 1~5 分,分值越高程度越强。收回有效问卷 29 份后,统计每个事件的风险性和可能性,按照总分进行排序,由此确定风险性和可能性排序都在前 3 位的是"暴风雪"和"那达慕"事件,前者为生活事件,后者为娱乐事件,具体见表 3-2。

表 3-2 风险选择事件风险性和可能性排序

序号	风险选择事件	风险性		可能性	
		排序	平均分	排序	平均分
1	草原 24 小时野外生存活动	4	3.0	4	3.3
2	草原暴风雪事件	1	4.7	3	4.2
3	草原狼事件	3	3.5	6	2.0
4	草原冰雪节	6	2.4	2	4.6
5	草原安代舞大赛	5	2.6	5	3.1
6	草原那达慕大会	2	4.2	1	4.8

根据统计结果,可见所编制的风险选择情境问题基本符合框架效应的研究范式要求,也比较符合研究的标准。由此,我们编制了 3 种风险情境的风险

选择问卷。问卷一是正向框架下的 3 种情境,问卷二是负向框架下的 3 种情境。依据被试的选择结果确定其是风险回避型或风险寻求型。

具体问卷详见附录 A。

3.3 风险选择框架效应问卷的信效度分析

3.3.1 信度分析

风险选择框架效应问卷是以 A、B 为选项的二分变量问卷,所以在进行信度分析时主要采取了以下两个方法。

3.3.1.1 评分者信度

笔者邀请 5 位专家对问卷中设计的 6 个维度内容进行评定等级,选择了 Kendall 系数(肯德尔和谐系数)计算内部一致性,运用 SAS 9.4 计算得出 Kendall's w 为 0.406, $\chi^2 = 10.146$, $p = 0.071 > 0.05$,拒绝原假设,说明 5 位专家对问卷的等级评价差异不显著,具有一致性,问卷具有评分者信度。

3.3.1.2 Cuttman 分析

当测验全由二值计分时,在 SPSS 19.0 中选择估计信度系数的方法 Cuttman 分析(张奇,2009),信度分析结果见表 3-3。

表 3-3 风险选择框架效应问卷的 Cuttman 信度分析

	生命正向	生命负向	生活正向	生活负向	娱乐正向	娱乐负向
Lambda-a	0.666	0.687	0.680	0.680	0.665	0.669

由表 3-3 可知,问卷中 6 个因子的信度系数均介于 $0.665 \sim 0.687$,说明问卷内部一致性较好。

3.3.2 内容效度分析

风险选择框架效应问卷是依据风险选择框架效应的相关理论和文献,严格依据框架效应的研究范式,分析总结框架效应问卷的结构特点,充分借鉴已有的风险选择框架效应的决策情境设计风格,经心理学专业蒙汉双语硕、博研究生和教授翻译、回译并讨论后形成的蒙古文版本,经蒙汉双语专家组多方面的评定,每个情境问题均能较好地代表所测量的内容,故可以认为问卷具有较好的内容效度。

4 风险偏好、认知需要和决策风格量表(蒙古文版)

为提高研究工具的有效性和可靠性,本书通过对风险偏好量表、认知需要量表、决策风格量表蒙古文版的修订和验证,进行了信度和效度检验。

4.1 研究对象

本书按年龄和性别比例选取 300 名有效被试,其中 9 岁组 60 名,男女各占一半;11 岁组 60 名,男女各占一半;13 岁组 60 名,男女各占一半;15 岁组 60 名,男女各占一半;17 岁组 60 名,男女各占一半。

4.2 测量工具

本书对使用的风险偏好量表、认知需要量表、决策风格量表,进行了一定的调整和修订,形成了相应蒙古文版。

4.2.1 风险偏好量表

早期的决策研究,包括风险选择在内通常都采用自陈量表来测量个体的风险偏好和风险选择(Zuckerman,Kolin,Price et al.,1964;Zuckerman,1994;Arnett,1996;Hsee,Weber,1999;何宁,谷渊博,2014)。

这类自陈量表虽应用广泛,但被试的文化背景以及反应和态度等因素都会影响到测试结果(Cyders,Coskunpinar,2011;徐四华,方卓,饶恒毅,2013)。本书的风险偏好量表主要参照了 Hsee 和 Weber(1997)设计的情景二选一问卷,该问卷最初是为了进行风险偏好水平的跨文化研究,具体包括收益和损失 2 种条件,每个条件下有 7 个项目,共 14 个项目。风险偏好指数的具体计算方法是:在收益条件下,如果被试在第 1 题到第 $i-1$ 题上选择了风险选项 B,在第 i 题到第 7 题上选择了保守选项 A,那么风险偏好值为 $i(i=2,3,\cdots,7)$;而在损失条件下,如果被试在第 7 题到第 i 题上选择了风险选项 B,在第 $i-1$ 题到第 1 题上选择了保守选项 A,那么风险偏好值为 $i(i=2,3,\cdots,7)$。如果被试在所有题目中都选择保守选项 A,那么风险偏好值为 1;如果被试在所有题目中都选择风险选项 B,那么风险偏好值为 8。因此,风险偏好的取值范围为(1,8),值越大则说明风险偏好越强。如果被试的选择不一致,不符合逻辑规律,则数据无效(Hsee,Weber,1997;陈世平,张艳,2009;邱俊杰,闵昌运,周艳艳,等,2012;王璐璐,李永娟,2012)。

4.2.2 认知需要量表

这一量表主要参考了 Cacioppo 等(1984)的认知需要量表,他们对原有的包括 34 个项目的认知需要量表进行了修订,最后形成由 18 个题目组成的量表。该量表在国内外研究中被广泛应用,证明该量表具有较好的测量学特征,具有很高的内部一致性(Cacioppo,1982)。这个修订版的认知需要量表是李克特7点量表,计分从1分到7分,由单因素构成。国内有学者在其研究中经主成分因素分析只抽取一个有效因子,同质性信度为0.84。题目主要是个性特征的描述,有一半是正向阐述的,如"相对于简单问题,我更喜欢思考复杂问题";一半是负向阐述的,如"我认为思考是无聊的,我不感兴趣"等。

4.2.3　决策风格量表

决策风格作为一个非常重要的个体差异变量受到了广泛的关注,Scott和Bruce(1995)编制的一般决策风格(general decision making style,GDMS)量表是目前最为通用的。本研究所采用的量表就是根据Scott和Bruce的决策风格量表修订而成的,GDMS量表中包括5个分量表,每个分量表有5道题目,共25道题,采用李克特5点量表进行计分(从非常不同意到非常同意)。该量表具有良好的信效度,经过施测该量表的五因素结构已经得到许多研究者的证实(Scott,Bruce,1995;Loo,2000;Thunholm,2004;梁竹苑,2006),其中理智型量表的α系数为$0.77 \sim 0.85$,直觉型量表的α系数为$0.78 \sim 0.84$,依赖型量表的α系数为$0.62 \sim 0.86$,回避型量表的α系数为$0.84 \sim 0.94$,冲动型量表的α系数为$0.83 \sim 0.87$(Loo,2000)。具体而言,理智型的人决策时会认真思考每个备选项,审查搜集到的所有信息,进行有条理的逻辑分析后再做出判断;直觉型的人决策时常常只是迅速粗略地浏览信息,依据直观感觉做出判断;依赖型的人决策时总是希望能得到他人的帮助和指导;回避型的人决策时不愿意自己做决策,逃避做出判断;冲动型的人做决策时带有很强的冲动性,只想在最短时间内完成任务而不考虑决策结果。

4.3　施测程序

本书采取集体施测,施测人数控制在 45～50 人,施测时在各自教室通过发放问卷收集结果。首先将被试安置在各自的教室中,保持相对安静,为避免其他学习效应的影响,施测时间选取了早自习时间。每间教室配备班主任 1 名,专业研究生 1 名,辅助教师 1 名,作答之前已经在黑板上写明了注意事项、作答要求;主试提醒被试认真回答,并尽快回答,在答卷过程中不允许互相讨论或抄袭,必须独立完成。在学生作答过程中,力求整个过程尽量减少不必要的干扰,尽量减少学生自身情绪和外在因素的干扰,并且在被试的选择上考虑了学校生源地、性别、年龄的均衡,以抵消被试自身无关变量的干扰。

4.4 结果分析

本书采用 Excel 16.0 输入和整理数据,运用 SPSS 19.0 软件对数据进行相关的处理和分析(见表 4-1)。

表 4-1 不同量表得分的描述性统计值($n=600$)

个体特征	最低分数(Min)	最高分数(Max)	平均值(M)	标准差(SD)
风险偏好	1	8	3.48	2.037
认知需要	54	117	84.12	9.977
决策风格	5	25	15.26	2.25

4.4.1 风险偏好量表(蒙古文版)

4.4.1.1 重测信度

本部分研究选取 100 名蒙古族青少年,其中男女生各占一半,第一次进行风险偏好量表(蒙古文版)测试,4 周后对同一被试群体进行了重测,前后两次的测试结果见表 4-2。

表 4-2 风险偏好量表重测信度

	第一次测试(M±SD)	第二次测试(M±SD)	重测相关系数(r)
风险偏好总分	4.31±1.12	4.69±0.86	0.67

4.4.1.2 内容效度

内容效度的确定方法主要是逻辑分析法,其工作思路是请有关专家对测验题目与原定内容范围的吻合程度做出判断(戴海琦,张峰,陈雪枫,1999)。本量表的维度和题项都来源于文献综述和以往的研究,在进行蒙古文版翻译和修订过程中,又经过向有关专家的咨询以及对个别蒙古族学生的访谈,以确保翻译修订后的蒙古文版问卷能反映当前蒙古族青少年的风险偏好状况。在正式施测前,又对题目的表述形式和表达意义等再次进行了蒙汉文版的对比和校对,经过了蒙古族心理学专家的多次修改和审查,所以基本保证了蒙古文版问卷的内容效度。

4.4.2 认知需要量表(蒙古文版)

4.4.2.1 项目分析

为了筛查出区分度较低的项目,本部分研究主要采用了项目鉴别指数法和相关分析法。首先计算出包含 18 个项目的总分,对被试进行从低分到高分的排序,然后分别选取上下各 27% 的被试,分成高分组和低分组,比较高分组和低分组在所有项目上的得分是否存在显著差异,如果某项目在高、低分组上的差异不显著,则需要删除。独立样本 t 检验的结果表明,认知需要高分组与低分组被试,在 18 个项目上的得分均存在显著差异($p < 0.01$),所以测试时保留所有项目。

相关分析法用来计算项目总分与各项目均分的相关系数,一般认为与项目总分相关系数低于 0.30 的项目,区分度偏低,需要删除。本部分研究中所有项目与问卷总分的相关系数均高于 0.30(见表 4-3),表明可保留所有项目(戴忠恒,1987;徐夫真,张文新,2012)。

表 4-3 认知需要量表项目平均得分、项目与总分相关及项目的因素荷重

项目	项目均分	与总分关系(r)	因素荷重	项目	项目均分	与总分关系(r)	因素荷重
1	4.35	0.376	0.601	10	5.29	0.369	0.458
2	4.78	0.439	0.568	11	4.56	0.55	0.40
3	5.07	0.336	0.378	12	5.12	0.458	0.327
4	5.57	0.396	0.573	13	4.39	0.303	0.445
5	5.55	0.447	0.51	14	3.48	0.385	0.318
6	4.84	0.358	0.489	15	3.69	0.415	0.447
7	4.41	0.464	0.547	16	4.66	0.435	0.38
8	5.32	0.358	0.352	17	5.39	0.315	0.40
9	4.65	0.328	0.352	18	3.69	0.339	0.578

4.4.2.2 信度检验

本部分研究采用 Cronbach's α 值和分半信度(Spearman-Brown)作为信度指标,结果见表4-4。

表 4-4 认知需要量表 Cronbach's α 值和分半信度

项目数/个	Cronbach's α 值	分半信度
18	0.736	0.747

由表 4-4 可知,全量表的内部 Cronbach's α 值为 0.736,分半信度为 0.747,表明本量表具有较高的同质性。

4.4.2.3 效度检验

本部分研究采用的是结构效度分析,运用 SPSS 19.0 软件进行探索性因素分析,结果表明,KMO $= 0.835$,Bartlett's 球形检验 $\chi^2 = 1069.11$,$p < 0.001$,说明本量表适合进行因素分析。

对样本总体进行探索性因素分析,抽取第一个公因子的特征值为 4.635,作为最大值远远大于其他因子的特征值,表明有一个主要因子并且解释了 24.394% 的总变异(见表 4-5)。根据已有理论和研究,如果第一个公因子解释总变异的百分比超过 20%,可以认为该量表具有单维性(许祖蔚,1992;施俊琦,王垒,2005)。

表 4-5 认知需要量表的因素分析结果

项目	特征值	贡献率/%	累积贡献率/%	项目	特征值	贡献率/%	累积贡献率/%
1	4.635	24.394	24.394	10	0.764	4.023	74.501
2	2.242	11.797	36.192	11	0.736	3.873	78.375
3	1.089	5.731	41.922	12	0.705	3.709	82.084
4	1.022	5.381	47.303	13	0.678	3.57	85.654
5	0.986	5.188	52.491	14	0.658	3.463	89.117
6	0.918	4.832	57.323	15	0.57	3.003	92.119
7	0.882	4.641	61.964	16	0.521	2.744	94.864

续　表

项目	特征值	贡献率/%	累积贡献率/%	项目	特征值	贡献率/%	累积贡献率/%
8	0.827	4.351	66.315	17	0.494	2.602	97.466
9	0.791	4.163	70.478	18	0.482	2.534	100

4.4.3　决策风格量表(蒙古文版)

4.4.3.1　信度检验

本部分研究采用 Cronbach's α 值和分半信度作为信度指标,结果见表4-6。

表 4-6　决策风格量表各维度 Cronbach's α 值和半分信度

指标	理智型	直觉型	依赖型	回避型	冲动型	总分
Cronbach's α 值	0.783	0.751	0.763	0.781	0.749	0.846
分半信度	0.761	0.631	0.681	0.753	0.622	0.809

由表4-6可知,全量表的内部 α 值为 $0.749 \sim 0.846$,分半信度为 $0.622 \sim 0.809$,表明本量表具有较高的同质性,具有良好的内部一致性。

4.4.3.2　效度检验

本部分研究采用的是结构效度分析,运用 SPSS 19.0 软件进行探索性因素分析,结果表明,KMO$=0.861$,Bartlett's 球形检验 $\chi^2 = 1526.226$, $p < 0.001$,这说明该量表适合进行因素分析。

采用主成分分析法萃取因子,运用最大方差法旋转求得最终负荷矩阵,在确定因子数与项目时要求特征根大于1,项目在某因子上的负荷值不低于0.30,每个因子至少应包含3个项目。根据以上条件最终萃取出5个因子共25个项目,累计解释率为 57.301%,具体见表4-7和表4-8。

表 4-7　决策风格量表因素分析总变异量解释

维　度	特征值	贡献率/%	累计贡献率/%
理智型	6.777	22.59	15.251
直觉型	4.575	15.251	37.841
依赖型	2.754	9.178	47.020
回避型	1.635	5.450	52.470
冲动型	1.450	4.832	57.301

表 4-8　决策风格量表因素负荷矩阵

项目	理智型	项目	直觉型	项目	依赖型	项目	回避型	项目	冲动型
1	0.485	2	0.659	3	0.578	4	0.702	5	0.503
10	0.651	8	0.732	7	0.523	6	0.688	9	0.571
15	0.758	11	0.648	12	0.737	13	0.666	14	0.70
20	0.748	18	0.429	17	0.691	16	0.664	19	0.616
25	0.689	23	0.469	22	0.617	21	0.64	24	0.349

量表各维度与总分之间的相关系数为 0.593～0.721,各维度之间的相关系数为 -0.011～0.456,理智型与冲动型、回避型成负相关关系,表明各维度方向一致且是相对独立的。具体见表 4-9。

表 4-9　决策风格量表各因素间的相关系数矩阵

	理智型	直觉型	依赖型	回避型	冲动型	总分
理智型	1.000	0.293	0.252	-0.011	-0.113	0.593
直觉型		1.000	0.290	0.309	0.411	0.720
依赖型			1.000	0.456	0.222	0.721
回避型				1.000	0.400	0.700
冲动型					1.000	0.625

4.5 讨论

4.5.1 风险选择框架效应(蒙古文版)

本书所编制的风险选择情境问题严格依据框架效应的研究范式要求,也完全符合研究的标准。问卷共包括三种决策任务情境,即生命领域情境、生活领域情境和娱乐领域情境;共包括两个问卷内容:问卷一是正向框架下的三种情境,问卷二是负向框架下的三种情境。决策结果是 A、B 二分选项,A 代表风险回避,B 代表风险寻求。

4.5.2 风险偏好量表(蒙古文版)

本书采用风险偏好量表的蒙古文修订版来测量蒙古族青少年的风险偏好特征,问卷主要包括得益和损失两种条件下的两部分问卷。笔者查阅以往相关文献发现,很少有研究提供该问卷详细的测量学结果,为了达到后期测试的一致性,在风险偏好问卷的修订中,笔者参考了风险偏好问卷中的全部选题并对修订过的问卷进行了信效度检验,重测信度 $r = 0.67$,同时基本保证了蒙古文版问卷具有较好的内容效度。当然,本书关于风险偏好问卷的修订结果还有必要在其他蒙古族样本中进行验证。

4.5.3 认知需要量表(蒙古文版)

本书的认知需要量表来源于 Cacioppo 等(1984)的认知需要量表,共包括 18 个项目。基于本书的研究目的,对其中的题目根据本民族文化特点进行了一定的修订,然后进行了信效度检验。修订后的量表 Cronbach's α 值为 0.736,分半信度为 0.747;对样本总体进行探索性因素分析,抽取第一个公因子的特征值为 4.635,作为最大值远远大于其他因子的特征值,表明有一个主要因子并且解释了 24.394% 的总变异,所以修订后的认知需要量表具有较好的测量学特征。

4.5.4 决策风格量表(蒙古文版)

本书的决策风格量表主要来源于目前通用的一般决策风格量表(Scott,Bruce,1995),该量表在国内外相关领域研究中具有良好的测量学特征。笔者对量表进行了信度分析和探索性因素分析。全量表的内部 α 值为 $0.749\sim0.846$,分半信度为 $0.622\sim0.809$,表明本量表具有较高的同质性,具有良好的内部一致性;探索性分析的结果表明理智型、直觉型、依赖型、回避型和冲动型五个因子拟合良好,各指标的因子负荷为 $0.349\sim0.758$;量表各维度与总分之间的相关系数为 $0.593\sim0.721$,各维度之间的相关系数为 $-0.011\sim0.456$,理智型与冲动型、回避型之间成负相关,这也符合理论和现实。一个良好的问卷结构要求维度与总测验的相关系数为 $0.30\sim0.80$,各维度之间的相关系数(取绝对值)为 $0.10\sim0.60$(戴忠恒,1987),本量表验证结果说明五个因子能较好地代表蒙古族青少年决策风格的结构,因此可以作为测量蒙古族青少年决策风格的工具。

4.6 结论

笔者编制了蒙古族青少年风险选择框架效应问卷,对蒙古族青少年风险偏好量表、认知需要量表和决策风格量表进行了蒙古文版修订,编制和修订后进行了信效度检验。结果表明,本书所编制的问卷符合框架效应的研究范式,修订的测量工具均具有良好的测量学特征,可以作为测查蒙古族青少年风险选择框架效应和个体特征的有效工具。

实证分析

5 蒙古族青少年风险选择框架效应的发展特点

本部分主要是对蒙古族青少年风险选择框架效应进行系统性研究,以探讨蒙古族青少年的风险选择结果是否受框架效应的影响,以及不同年龄阶段蒙古族青少年风险选择框架效应的发展特征。

5.1 研究方法

5.1.1 研究对象

从各年龄组中随机分层抽取 120 人,男女生各 60 人,共 600 人,具体情况见表 5-1。

表 5-1 被试基本情况 (单位:岁)

年龄组	女($n=300$)		男($n=300$)		总体($n=600$)	
	平均年龄	标准差	平均年龄	标准差	平均年龄	标准差
9 岁组	9.8333	0.84706	9.57	0.767	9.7	0.816
11 岁组	11.6333	0.75838	11.8	0.755	11.72	0.758
13 岁组	13.5333	0.53573	13.13	0.623	13.33	0.613
15 岁组	15.0833	0.88857	15.0	0.713	15.04	0.803
17 岁组	17.70	0.74333	17.75	0.816	17.72	0.777
汇总	13.7566	0.75461	13.65	0.7348	13.702	0.7534

5.1.2　研究设计

本部分研究为"5223"混合实验(5——按年龄分为 9 岁、11 岁、13 岁、15岁、17 岁 5 个组;2——按性别分为男、女两个组;2——按框架效应分为正向、负向框架效应 2 个组;3——按领域分为生命领域、生活领域、娱乐领域 3 个组)的混合实验设计,其中年龄、性别为被试间因素,框架效应和决策领域为被试内因素。因变量为被试决策结果,以选择肯定方案和风险方案的人数为指标。

5.1.3　研究工具

5.1.3.1　风险选择框架效应问卷(蒙古文版)

关于风险选择框架效应问卷的详细描述和具体说明详见第 3 章。具体问卷见附录 1。

5.1.4　研究假设

根据以往文献研究,提出以下假设。

假设 1:蒙古族青少年存在风险选择框架效应。

假设 2:各年龄组蒙古族青少年的风险选择框架效应因决策领域的不同而不同。

假设 3:低年龄组框架效应不明显,年龄越大框架效应越明显。

假设 4:不同性别蒙古族青少年的风险选择框架效应因决策领域的不同而不同。

5.2 蒙古族青少年风险选择框架效应的决策结果与分析

5.2.1 整体结果与分析

表 5-2 说明在生命、生活和娱乐三个领域里,蒙古族青少年在正负向框架下的决策取向都表现出了显著性差异。在正向框架下,选择肯定方案的人数都显著多于选择风险方案的人数;而在负向框架下,选择风险方案的人数都显著多于选择肯定方案的人数。卡方检验表明框架影响显著,被试在不同框架影响下出现了明显不同的选择取向,框架效应显著。表 5-3 和表 5-4 说明在正负向框架下,蒙古族青少年在不同框架和不同领域的决策取向差异显著。表 5-2、表 5-3 和表 5-4 说明蒙古族青少年的风险选择受到了框架效应和决策领域的显著影响。

表 5-2　蒙古族青少年在不同领域的决策结果及卡方检验($n=600$ 人)

	生命领域		生活领域		娱乐领域	
	正向框架	负向框架	正向框架	负向框架	正向框架	负向框架
肯定方案	332(55%)	230(38%)	367(61%)	245(41%)	352(59%)	272(45%)
风险方案	268(45%)	370(62%)	233(39%)	355(59%)	248(41%)	328(55%)
χ^2	6.827**	32.667***	29.927***	20.167***	18.072***	5.227*
	34.820***		49.633***		21.368***	

注:*、**、*** 分别表示在 0.05、0.005、0.001 水平上显著。

表 5-3　蒙古族青少年在不同框架下的决策结果及卡方检验($n=600$ 人)

	正向框架			负向框架		
	生命领域	生活领域	娱乐领域	生命领域	生活领域	娱乐领域
肯定方案	332(55%)	367(61%)	352(59%)	230(38%)	245(41%)	272(45%)
风险方案	268(45%)	233(39%)	248(41%)	370(62%)	355(59%)	328(55%)
χ^2	54.780***			58.060***		

注:*、**、*** 分别表示在 0.05、0.005、0.001 水平上显著。

表 5-4　不同框架下的决策结果非参数二项式检验

	生命正向		生命负向		生活正向		生活负向		娱乐正向		娱乐负向	
	肯定方案	否定方案	肯定方案	否定方案	肯定方案	否定方案	肯定方案	否定方案	肯定方案	否定方案	肯定方案	否定方案
人数/人	332	268	230	370	367	233	245	355	358	242	272	328
占比/%	0.55	0.45	0.38	0.62	0.61	0.39	0.41	0.59	0.60	0.40	0.45	0.55
Prop.	0.50	0.50	0.50	0.50	0.50	0.50	0.50	0.50	0.50	0.50	0.50	0.50
p	0.010**		0.000***		0.000***		0.000***		0.000***		0.025*	

注：*、**、***分别表示在 0.05、0.005、0.001 水平上显著。

　　表 5-5 说明，在生命领域中，9 岁组的蒙古族青少年在正向与负向框架下选择肯定方案的人数显著多于选择风险方案的人，但在负向框架下差异不显著。11 岁组中，在正向与负向框架下都存在显著差异，生命领域正向框架下，选择肯定方案的人数显著多于选择风险方案的人数，负向框架下则相反。13 岁组中，在生命领域正向与负向框架下都没有显著差异。15 岁组中，在正向框架下选择两种方案的人数没有显著差异，在负向框架下选择风险方案的人数显著多于选择肯定方案的人数。17 岁组中，在正向与负向框架下，选择风险方案的人数都显著多于选择肯定方案的人数。

表 5-5　生命领域中正向与负向框架下不同年龄组被试各方案选择人数($n=120$)

	9 岁组		11 岁组		13 岁组		15 岁组		17 岁组	
	正向框架	负向框架	正向框架	负向框架	正向框架	负向框架	正向框架	负向框架	正向框架	负向框架
肯定方案	88 (73%)	65 (54%)	78 (65%)	47 (39%)	61 (51%)	57 (48%)	56 (47%)	34 (28%)	49 (41%)	27 (23%)
风险方案	32 (27%)	55 (46%)	42 (35%)	73 (61%)	59 (49%)	63 (52%)	64 (53%)	86 (72%)	71 (59%)	93 (77%)
χ^2	26.133***	0.833	10.800***	5.633*	0.033	0.300	0.533	22.533***	4.033*	36.300***

注：*、**、***分别表示在 0.05、0.005、0.001 水平上显著。

5.2.2　各年龄组蒙古族青少年在各决策领域不同框架下的决策结果

表 5-6 说明在生活领域中,9 岁组的蒙古族青少年选择肯定方案的人数显著多于选择风险方案的人数;在负向框架下,选择两种方案的人数没有显著差异。11 岁组中,在正向框架下,选择肯定方案的人数显著多于选择风险方案的人数;在负向框架下,选择风险方案的人数显著多于选择肯定方案的人数。13 岁组中,无论是在正向还是在负向框架下,选择两种方案的人数没有显著差异。15 岁组中,在正向框架下,两种方案的选择人数没有显著差异;在负向框架下,选择风险方案的人数显著多于选择肯定方案的人数。17 岁组中,在正向框架下没有显著差异;在负向框架下,选择风险方案的人数显著多于选择肯定方案的人数。

表 5-6　生活领域正向与负向框架下不同年龄组被试各方案选择人数($n=120$)

	9 岁组		11 岁组		13 岁组		15 岁组		17 岁组	
	正向框架	负向框架	正向框架	负向框架	正向框架	负向框架	正向框架	负向框架	正向框架	负向框架
肯定方案	86 (72%)	70 (58%)	87 (73%)	37 (31%)	70 (58%)	51 (42%)	67 (56%)	48 (40%)	57 (47%)	39 (32%)
风险方案	34 (28%)	50 (42%)	33 (27%)	83 (69%)	50 (42%)	69 (58%)	53 (44%)	72 (60%)	63 (53%)	81 (68%)
χ^2	22.533***	3.333	24.300***	17.633***	3.333	2.700	1.633	4.800*	0.300	14.700***

注:*、**、***分别表示在 0.05、0.005、0.001 水平上显著。

表 5-7 说明在娱乐领域中,9 岁组的蒙古族青少年选择肯定方案的人数都显著多于选择风险方案的人数。11 岁组,在正向框架下,选择肯定方案的人数显著多于选择风险方案的人数;在负向框架下没有显著差异。13 岁组、15 岁组和 17 岁组的正向框架下,选择两种方案的人数都没有显著差异;在负向框架下,选择风险方案的人数都显著多于选择肯定方案的人数。

表 5-7　娱乐领域正负向框架下不同年龄组被试各方案选择人数 ($n=120$)

	9 岁组		11 岁组		13 岁组		15 岁组		17 岁组	
	正向框架	负向框架	正向框架	负向框架	正向框架	负向框架	正向框架	负向框架	正向框架	负向框架
肯定方案	91 (76%)	86 (72%)	79 (66%)	66 (55%)	64 (53%)	48 (40%)	61 (51%)	41 (34%)	57 (47%)	31 (26%)
风险方案	29 (24%)	34 (28%)	41 (34%)	54 (45%)	56 (47%)	72 (60%)	59 (49%)	79 (66%)	63 (53%)	89 (74%)
χ^2	32.033***	22.533***	12.033***	1.200	0.533	4.800*	0.033	12.033***	0.300	28.033***

注：*、**、***分别表示在 0.05、0.005、0.001 水平上显著。

5.2.3　蒙古族青少年风险选择框架效应的年龄发展特征

图 5-1 至图 5-6 表明,在生命、生活和娱乐三个任务领域里,在正负向框架下,9 岁组出现了风险规避的单向框架效应;11 岁组开始对框架效应敏感,出现了经典框架效应;13 岁组受到了框架效应的影响但不显著;15 岁组是框架效应影响波动较大的年龄段;17 岁组表现出风险寻求的单向框架效应。

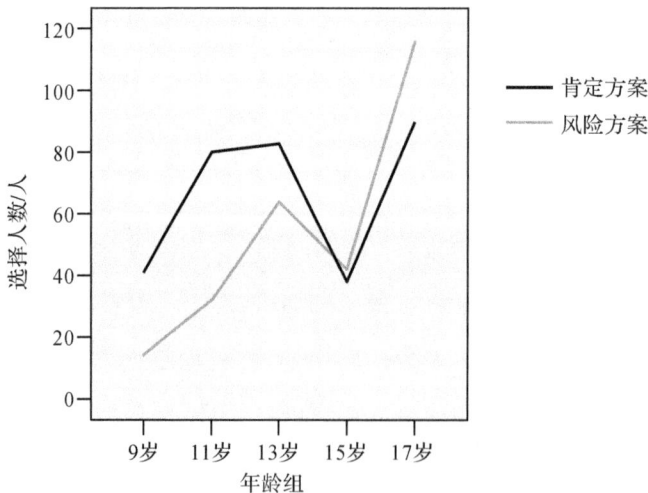

图 5-1　生命领域正向框架下风险选择的年龄特征

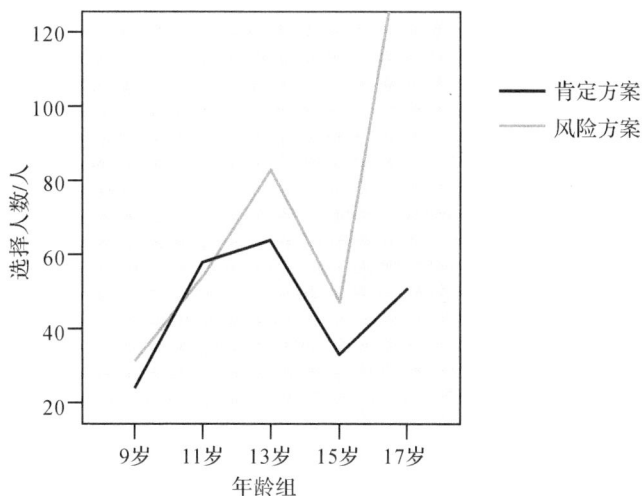

图 5-2 生命领域负向框架下风险选择的年龄特征

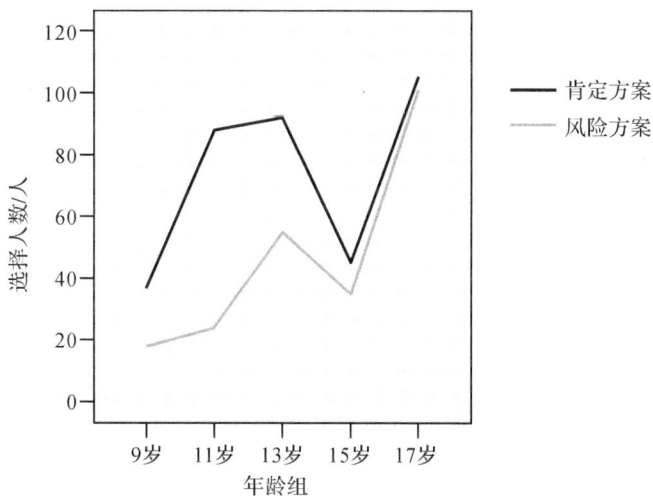

图 5-3 生活领域正向框架下风险选择的年龄特征

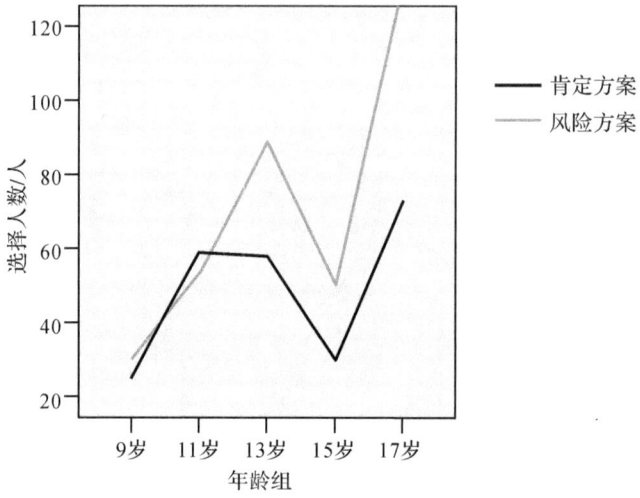

图 5-4　生活领域正向框架下风险选择的年龄特征

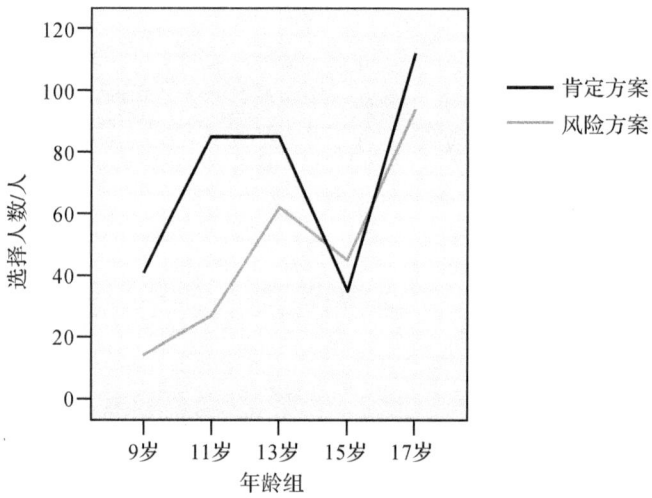

图 5-5　娱乐领域正向框架下风险选择的年龄特征

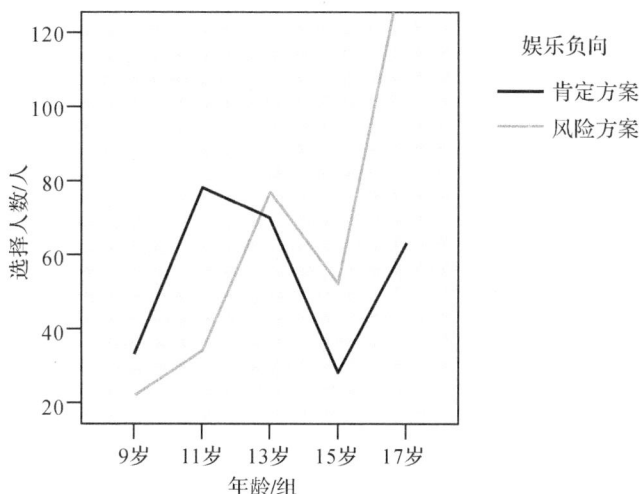

图 5-6　娱乐领域负向框架下风险选择的年龄特征

5.2.4　各决策领域不同性别蒙古族青少年不同框架下的决策结果

表 5-8 说明男生在生命、生活与娱乐领域的正向框架下,选择肯定方案的人数都显著多于选择风险方案的人数。在生命与生活领域的负向框架下,选择风险方案的人数显著多于选择肯定方案的人数;在娱乐领域的负向框架下没有显著差异。

表 5-8　男生被试在各领域不同框架下的决策结果($n=300$)

	生命领域		生活领域		娱乐领域	
	正向框架	负向框架	正向框架	负向框架	正向框架	负向框架
肯定方案	169(56%)	126(42%)	188(63%)	124(41%)	180(60%)	143(48%)
风险方案	131(44%)	174(58%)	112(37%)	176(59%)	120(40%)	157(52%)
χ^2	4.813*	7.680*	19.253***	9.013**	12.000***	0.653

注:*、**、***分别表示在 0.05、0.005、0.001 水平上显著。

表 5-9 说明女生在生命领域的正向框架下,选择两种方案的人数没有显著差异;在生活与娱乐领域的正向框架下,选择肯定方案的人数都显著多于选择风险方案的人数。在生命、生活与娱乐领域的负向框架下,女生选择风

险方案的人数都显著多于选择肯定方案人数。

表 5-9　女生被试在各领域不同框架下的决策结果($n=300$)

	生命领域		生活领域		娱乐领域	
	正向框架	负向框架	正向框架	负向框架	正向框架	负向框架
肯定方案	163(54%)	104(35%)	179(60%)	121(40%)	178(59%)	129(43%)
风险方案	137(46%)	196(65%)	121(40%)	179(60%)	122(41%)	171(57%)
χ^2	2.253	28.213***	11.213***	11.213***	10.453***	5.880*

注:*、**、***分别表示在 0.05、0.005、0.001 水平上显著。

5.2.5　年龄和性别对风险选择框架效应的影响分析

通过 Binary Logistic 因素分析可知(见表 5-10),年龄对生命领域、生活领域正向框架,娱乐领域的主效应显著;性别对生命领域、生活领域和娱乐领域的框架效应的影响都不显著;年龄和性别的交互作用在三个领域里都不显著。

表 5-10　年龄和性别对各领域不同框架下决策结果效应的 Logistic 分析

		生命领域		生活领域		娱乐领域	
		正向框架	负向框架	正向框架	负向框架	正向框架	负向框架
年龄	Wald	37.644	20.294	13.243	7.830	16.948	27.729
	df	4	4	4	4	4	4
	p	0.000	0.000	0.010	0.098	0.002	0.000
性别	Wald	0.411	0.756	2.005	1.343	2.453	0.250
	df	1	1	1	1	1	1
	p	0.522	0.385	0.157	0.247	0.117	0.617
年龄×性别	Wald	0.154	0.201	0.015	1.354	0.221	0.599
	df	1	1	1	1	1	1
	p	0.694	0.654	0.902	0.245	0.639	0.439
常数	Wald	32.371	34.005	4.813	4.053	1.216	19.799
	df	1	1	1	1	1	1
	p	0.000	0.000	0.028	0.044	0.000	0.000

5.3 讨论

第一,蒙古族青少年中存在风险选择框架效应。

本部分研究的风险选择框架效应结果表明,蒙古族青少年在生命、生活和娱乐三个领域出现了经典框架效应,即在正向框架下倾向于回避风险;在负向框架下倾向于追求风险。对于确定性方案,决策者在正向框架下的选择率(55%、61%、59%)要高于负向框架下的选择率(38%、41%、45%)。并且对于风险方案而言,决策者在负向框架下的选择率(62%、59%、55%)要高于正向框架下的选择率(45%、39%、41%)。这一结果与已有研究结论一致(Fagley,Miller,1997;Levin,Schneider,Gaeth,1998;McElroy,Seta,2003),为风险选择框架效应的跨文化性提供了又一例证。

第二,不同决策领域不同年龄组的蒙古族青少年的风险选择框架效应存在差异。

通过表 5-5、表 5-6、表 5-7 可知,9 岁组被试在生命领域正负向框架下选择肯定方案的人数分别占 73%、54%,在生活领域正负向框架下选择肯定方案的人数分别占 72%、58%,在娱乐领域正负向框架下选择肯定方案的人数分别占 76%、72%,可见无论在正向框架下还是在负向框架下,在生命、生活、娱乐三个领域中都是趋于回避风险,出现了单向风险规避框架效应。11 岁组被试在生命、生活领域出现了经典框架效应,即在正向框架下趋于回避风险,在负向框架下趋于追求风险。Reyna 和 Ellis(1994)研究发现五年级儿童(10~11 岁)是唯一显示出经典框架效应的年龄组,较小儿童风险选择框架效应不明显,较大儿童出现了经典框架效应。本部分研究结果与这一研究结果一致。13 岁组被试在生命、生活、娱乐三个领域中,虽然在正向框架下肯定方案的选择率要高于负向框架下的选择率,在负向框架下风险方案的选择率要高于正向框架下的选择率,但只有在娱乐领域的负向框架下差异显著,其他领域的正负向框架下都不显著,可见 13 岁组也受到了框架效应的影响但不显著。15 岁组被试在生命、生活、娱乐三个领域中受负向框架的影响比较明显,在负向框架下都趋于追求风险,但三个领域正向框架下的决策选择并不稳定,可见 15 岁组可能是框架效应影响波动较大的年龄段。17 岁组被试在生命领域正负向框架下选择风险方案的人数分别占 59%、77%,生活领域正负向框架下选择风险方案的人数分别占 53%、68%,娱乐领域正负向框架下选择风险方案的人数分别占 53%、74%,在负向框架下风险方案的选择率都明显大于正向框架下的选择率,可见无论在正向框架下还是在负向框架下,17 岁组在生命、生活、娱乐三个领域中都是都趋于风险选项,表现出风险寻求倾向。

第三,蒙古族青少年框架效应的发展具有一定的规律性。

通过图 3-1、图 3-2、图 3-3、图 3-4、图 3-5、图 3-6 能进一步清楚地表明蒙古族青少年风险选择的年龄发展特征和趋势:年龄越小越趋于规避风险,年龄越大越趋于寻求风险。这与青少年的决策发展特征相一致,对于低龄青少年来说,成人通常会对其所做的决策进行限制,独立做决策时就会更保守些;而稍大些的青少年在做日常决策时常因思维缺乏理性而诉诸习惯或行为冲动(Halpern-Felsher,Cauffman,2001;Jacobs,Klaczynski,2002)。

第四,风险选择框架效应存在性别差异。

从决策结果看,男生组被试在生命和生活领域中都表现出典型的框架效应,女生组被试在生活和娱乐领域表现出典型的框架效应。可见,性别对框架效应的影响是受决策领域制约的,在不同的决策领域里,男女生的框架效应是有差别的。

5.4 结论

第一,蒙古族青少年中存在风险选择框架效应,体现了框架效应的跨文化一致性。

第二,蒙古族青少年风险选择框架效应具有年龄发展特征:9岁组出现了单向风险规避框架效应;11岁组开始对框架效应敏感,出现了经典框架效应;13岁组受到了框架效应的影响但不显著;15岁组是框架效应影响波动较大的年龄段;17岁组表现出单向风险寻求框架效应。

第三,风险选择框架效应在整个青少年时期是发展变化的。蒙古族青少年框架效应的发展规律是年龄越小越趋向于风险规避,年龄越大越趋向于风险寻求。

第四,年龄对蒙古族青少年的风险选择框架效应存在年龄差异,且影响显著;风险选择框架效应存在性别差异,但性别影响不显著;年龄与性别的交互影响不显著。

6　个体特征与蒙古族青少年风险选择框架效应的关系

通过第 5 章可知蒙古族青少年存在风险选择框架效应,并呈现出一定的年龄发展特征,但框架效应的出现与否取决于多种因素和一定的前提条件(Wang,1996;Li,Xie,2006;张文慧,王晓田,2008),情景特征和个性特征是影响个体在风险情景中风险倾向的两个重要变量(谢晓非,王晓田,2004)。为探讨风险偏好、认知需要、决策风格与蒙古族青少年风险选择框架效应的关系,本部分做了 3 个子研究,即风险偏好与蒙古族青少年风险选择框架效应的关系、认知需要与蒙古族青少年风险选择框架效应的关系、决策风格与蒙古族青少年风险选择框架效应的关系。

6.1　风险偏好与蒙古族青少年风险选择框架效应的关系

6.1.1　问题的提出

风险偏好(risk preference)是影响风险选择的重要因素,其作用主要表现为与情绪等因素共同影响个体的决策判断,集中表现在冲动性决策即对风险的倾向性动机上,这一点已经在多项研究中证实(梁竹苑,许燕,蒋奖,2007)。个体在不同领域内的决策判断表现出不同的风险偏好,个体的风险偏好受到领域的影响而具有特殊性(Weber,Blais,Betz,2002;张玉凤,李虹,倪士光,2015)。本部分研究的主要目的是通过风险选择结果来探讨蒙古族青少年风险偏好对风险选择框架效应的影响。对此,做出如下研究假设。

假设 1:在不同领域不同框架下,蒙古族青少年的决策结果存在风险偏好差异，且差异显著。

假设 2：在不同领域不同框架下，不同风险偏好的蒙古族青少年的决策结果存在性别差异，且差异显著。

6.1.2　研究方法

以往研究一般通过风险偏好的高低分组来讨论风险偏好与框架效应的关系，所以本部分研究也据此分两组来探讨风险偏好与蒙古族青少年风险选择框架效应的关系。

6.1.2.1　研究对象

本研究采用随机分层法，从各年龄组抽取被试 280 人，男女生各占一半。关于被试的具体情况见前文介绍。

6.1.2.2　研究工具

研究工具主要是风险偏好量表（蒙古文版）和风险选择框架效应问卷（蒙古文版）。

关于风险偏好量表及风险选择框架效应问卷的详细描述和具体说明见前文问卷设计篇，问卷详见附录 1、附录 2。

6.1.2.3　数据收集及统计分析

本部分研究采用 Excel 16.0 对数据进行输入整理，采用 SPSS 19.0 软件对数据进行统计分析。

6.1.3　结果分析

6.1.3.1　各领域不同框架下不同风险偏好的蒙古族青少年的决策结果

（1）被试的选取

剔除无效数据后，先根据风险偏好量表计算出每个被试的分数，再以所有人平均分的中位数为划分界限，将被试分为高风险偏好组和低风险偏好组。然后根据两组被试的描述统计特征的得分进行 t 检验（$t=-55.882$，$p<0.001$），发现两组被试描述统计特征的得分存在显著差异。

（2）研究设计

本部分研究为 2（风险偏好：高、低）× 2（框架效应：正向、负向）× 3（决策领域：生命、生活、娱乐）的混合实验设计，其中风险偏好为被试间因素，框架效应和决策领域为被试内因素。因变量为被试决策结果，以选择肯定方案和风险方案的人数为指标。

（3）研究结果

高风险偏好的蒙古族青少年在生命领域正负向框架下，选择风险方案的人数显著多于选择肯定方案的人数；低风险偏好的蒙古族青少年在正向框架下，选择肯定方案的人数显著多于选择风险方案的人数，在负向框架下没有显著差异（见表 6-1）。

表 6-1　生命领域正负向框架下不同风险偏好被试的决策结果

	风险偏好水平高		风险偏好水平低	
	正向框架	负向框架	正向框架	负向框架
肯定方案	281	212	420	344
风险方案	406	475	293	369
χ^2	22.744***	100.683***	22.621***	.877

注：*、**、***分别表示在 0.05、0.005、0.001 水平上显著。

高风险偏好的蒙古族青少年在生活领域正负向框架下，选择风险方案的人数都多于选择肯定方案的人数，在负向框架下差异更显著；低风险偏好的蒙古族青少年在正向框架下，选择肯定方案的人数显著多于选择风险方案的人数，负向框架下没有显著差异（见表 6-2）。

表 6-2　生活领域正负向框架下不同风险偏好被试的决策结果

	风险偏好水平高		风险偏好水平低	
	正向框架	负向框架	正向框架	负向框架
肯定方案	342	234	457	363
风险方案	345	453	256	350
χ^2	0.013	69.812***	56.663***	0.237

注：*、**、***分别表示在 0.05、0.005、0.001 水平上显著。

　　高风险偏好的蒙古族青少年在娱乐领域正负向框架下,选择风险方案的人数显著多于选择肯定方案的人数;低风险偏好的蒙古族青少年在正负向框架下,选择肯定方案的人数显著多于选择风险方案的人数(见表6-3)。

表6-3　娱乐领域正负框架下不同风险偏好水平被试的决策结果

	风险偏好水平高		风险偏好水平低	
	正向框架	负向框架	正向框架	负向框架
肯定方案	300	244	482	402
风险方案	386	443	231	311
χ^2	10.781***	57.643***	88.360***	11.614***

注:*、**、***分别表示在0.05、0.005、0.001水平上显著。

6.1.3.2　各领域不同框架下风险偏好不同蒙古族青少年的决策结果

　　在高风险偏好的蒙古族青少年中,男生在三个领域的正负向框架下,选择风险方案的人数都显著高于选择肯定方案的人数,都倾向于选择风险方案。女生在生命、娱乐领域的正负向框架下,选择风险方案的人数都显著高于选择肯定方案的人数,都倾向于选择风险方案;在生活领域的正向框架下趋于选择肯定生活方案,在负向框架下趋于选择风险方案(见表6-4)。

　　在低风险偏好的蒙古族青少年中,男生在三个领域里的正负向框架下,选择肯定方案的人数都多于选择风险方案的人数。女生在正向框架下,在三个领域里选择肯定方案的人数都显著多于选择风险方案的人数;在负向框架下,在生命和生活领域选择风险方案的人数比选择肯定方案的人数多,但差异不显著(见表6-5)。

6.1.3.3　风险偏好对风险选择框架效应的影响分析

　　由表6-6可知,风险偏好的主效应非常显著($p=0.000<0.001$);年龄与风险偏好的交互效应对生命和娱乐领域影响显著;性别与风险偏好的交互效应对娱乐领域负向框架影响显著;年龄、性别与风险偏好的交互效应对生命和娱乐领域正向框架影响显著;其他交互效应都不显著。

表6-4 高风险偏好不同性别被试在各领域不同框架下的决策结果

性别	生命领域				生活领域				娱乐领域			
	正向框架		负向框架		正向框架		负向框架		正向框架		负向框架	
	男	女	男	女	男	女	男	女	男	女	男	女
肯定方案	149	132	118	94	179	163	122	112	165	135	137	107
风险方案	231	175	262	213	201	144	258	195	215	171	243	200
χ^2	17.695***	6.023*	54.568***	46.127***	1.274	1.176	48.674***	22.440***	6.579*	4.235*	29.568***	28.173***

注：*、**、***分别表示在0.05、0.005、0.001水平上显著。

表6-5 低风险偏好不同性别被试在各领域不同框架下的决策结果

性别	生命领域				生活领域				娱乐领域			
	正向框架		负向框架		正向框架		负向框架		正向框架		负向框架	
	男	女	男	女	男	女	男	女	男	女	男	女
肯定方案	197	223	165	179	216	241	171	192	214	268	181	221
风险方案	123	170	155	214	104	152	149	201	106	125	139	172
χ^2	17.113***	7.148*	0.313	3.117	39.200***	20.155***	1.513	0.206	36.450***	52.033***	5.513*	6.109*

注：*、**、***分别表示在0.05、0.005、0.001水平上显著。

表 6-6 风险偏好对不同领域决策结果效应的 Logistic 分析

变量		正向框架			负向框架		
		Wald	df	p	Wald	df	p
生命领域	风险偏好	52.913	1	0.000	57.075	1	0.000
	年龄×风险偏好	8.935	1	0.003	4.117	1	0.042
	性别×风险偏好	0.048	1	0.827	0.136	1	0.712
	年龄×性别×风险偏好	5.523	1	0.019	0.680	1	0.410
	常数	36.656	1	0.000	3.818	1	0.000
生活领域	风险偏好	39.434	1	0.000	43.105	1	0.000
	年龄×风险偏好	2.109	1	0.146	1.736	1	0.188
	性别×风险偏好	0.392	1	0.531	0.254	1	0.614
	年龄×性别×风险偏好	2.343	1	0.126	1.394	1	0.238
	常数	63.610	1	0.000	5.623	1	0.000
娱乐领域	风险偏好	84.190	1	0.000	87.576	1	0.000
	年龄×风险偏好	15.512	1	0.000	17.382	1	0.000
	性别×风险偏好	0.026	1	0.873	5.569	1	0.018
	年龄×性别×风险偏好	7.976	1	0.005	2.650	1	0.104
	常数	96.165	1	0.000	38.694	1	0.000

6.1.4 讨论

从以上数据可知,高风险偏好蒙古族青少年在生命、生活和娱乐三个领域都趋于寻求风险。从表 6-1 可知,高风险偏好的蒙古族青少年在生命领域正向框架下选择风险方案的人数(406 人)高于选择肯定方案的人数(281 人)且差异显著($\chi^2 = 22.744, p < 0.001$),在负向框架下选择风险方案的人数(475 人)高于选择肯定方案的人数(212 人)且差异显著($\chi^2 = 100.683, p < 0.001$),另外在负向框架下选择风险方案的人数多于正向框架下选择风险方案的人数。从表 6-2 可知,在生活领域正向框架下选择风险方案的人数(345 人)高于选择肯定方案的人数(342 人),在负向框架下选择风险方案的人数

（453 人）多于选择肯定方案的人数（234 人）且差异显著（$\chi^2 = 69.812, p < 0.001$），另外在负向框架下选择风险方案的人数多于在正向框架下选择风险方案的人数。从表 6-3 可知，在娱乐领域正向框架下选择风险方案的人数（386人）多于选择肯定方案的人数（300）且差异显著（$\chi^2 = 10.781, p < 0.001$），在负向框架下选择风险方案的人数（443 人）多于选择肯定方案的人数（244 人）且差异显著（$\chi^2 = 57.643, p < 0.001$），另外在负向框架下选择风险方案的人数多于在正向框架下选择风险方案的人数。由此可见，高风险偏好者在生命、生活和娱乐领域里，在正向和负向框架下基本上都是趋于风险寻求的，出现了单向风险寻求框架效应。

表 6-1 至表 6-3 的结果也表明，低风险偏好的青少年在生命、生活和娱乐领域正负向框架下基本都选择肯定方案，趋于回避风险。说明风险偏好影响风险选择，但在不同决策领域里，风险偏好所起的作用不同（Steinberg，Albert，Cauffman et al. ，2008），所以说个体自身冒险性的不同会直接影响被试的认知和决策结果（Mellers，Schwartz，Ritov，1999；Lopes，Oden，1999）。这一点与已有研究一致（Feingold，1991；Powell，Johnson，1995；Miller，Byrnes，1997；Byrnes，Miller，Schafer，1999；Eckel，Grossman，2002；Wilson，Daly，Pound，2002；Wang，Kruger，Wilke，2009；Charness，Gneezy，2012；Wieland，Sarin，2012）。

性别对不同风险偏好的蒙古族青少年在各决策领域的风险选择的影响是不同的。通过表 6-4 可知，在正向框架下，高风险偏好组男生在生命（$\chi^2 = 17.695, p < 0.001$）、生活（$\chi^2 = 1.274$）和娱乐（$\chi^2 = 6.579, p < 0.05$）三个领域中选择风险方案的人数都明显多于选择肯定方案的人数；在负向框架下，高风险偏好组男生在生命（$\chi^2 = 54.568, p < 0.001$）、生活（$\chi^2 = 48.674, p < 0.001$）和娱乐（$\chi^2 = 29.568, p < 0.001$）三个领域中选择风险方案的人数都明显多于选择肯定方案的人数。可见，高风险偏好的男生在三个领域的正负向框架下都倾向于寻求风险，几乎不受决策领域和框架效应的影响。在正向框架下，高风险偏好组女生在生命和娱乐领域里选择风险方案的人数都显著多于选择肯定方案的人数；在负向框架下，选择风险方案的人数也都显著多于

选择肯定方案的人数。可见,高风险偏好女生也倾向于寻求风险,但会受到领域的影响。通过表 6-5 可知,低风险偏好组中,无论男生还是女生,在三个领域里选择肯定方案的人数都明显多于选择风险方案的人数,可见无论男生还是女生,风险偏好水平低者都倾向于规避风险。

从表 6-6 的 Logistic 分析统计结果来看,风险偏好对生命、生活和娱乐三个领域的风险选择框架效应的影响都非常显著($p=0.000<0.001$),但性别与风险偏好和年龄、性别与风险偏好的交互影响因领域的不同而不同。

6.1.5 结论

第一,高风险偏好的蒙古族青少年在生命、生活和娱乐领域正负向框架下都是趋于寻求风险;低风险偏好者都趋于规避风险。

第二,不同风险偏好者风险选择框架效应的性别差异因决策领域的不同而不同。

第三,风险偏好对风险选择框架效应的主效应显著。

6.2 认知需要与蒙古族青少年风险选择框架效应的关系

6.2.1 问题的提出

认知需要（need for cognition，NFC）是一个重要的个体特征（Burman，Biswas，2007），于 20 世纪 50 年代由普林斯顿大学科恩（Cohen，1982）首次提出，他们认为认知需要是"无法忍受模糊情景而用整合的、有意义的方式组织相关情景的需要"等。也有研究者认为"认知需要是指个体愿意参与，或喜欢需要付出努力的认知活动的总的倾向"（Cacioppo，Petty，Feinstein et al.，1996）。笔者采用 Cacioppo 和 Petty（1982）在《认知需要》一文中的定义，即"认知需要是个体从事与享受需要思考的认知活动过程中，表现出来的一种稳定的个人倾向方面的个体差异"，也就是说个体在认知活动过程中，是否愿意付出努力主动思考。以往探讨认知需要对框架效应影响的研究也很多，但是结论大不相同甚至相互矛盾，大致有三种观点：一是认为认知需要高是产生框架效应的先决条件（Rothman，Salovy，1997；Wegener，Petty，Klein，1994）；二是认为框架效应只发生在那些低认知需要的个体身上（Steward，Schneider，Pizarro et al.，2003；Zhang，Buda，1999；Chatterjee，Heath，Milberg et al.，2000；李四兰，2012）；三是认为认知需要对于框架效应的产生并没有显著的影响（LeBoeuf，Shafir，2003）。所以，认知需要对风险选择框架效应的影响还需进一步探讨，尤其是蒙古族青少年方面更值得研究，这也是本书的研究目的之一。对此，本部分研究做以下假设。

假设 1：不同认知需要的蒙古族青少年在不同框架下的决策结果存在显著差异；

假设 2：不同认知需要的蒙古族青少年风险选择框架效应存在性别差异。

6.2.2 研究方法

以往研究一般通过认知需要的高低来分组讨论认知需要与框架效应的关系（Chatterjee，Heath，Milberg，2000），所以本部分研究也据此分为认知需要高低两组来探讨认知需要与蒙古族青少年风险选择框架效应的关系。

6.2.2.1　研究对象

本部分研究采用随机分层法,各年龄组抽取被试 280 人,男女生各占一半。

关于被试的具体介绍见前文介绍。

6.2.2.2　研究工具

研究工具主要是认知需要量表(蒙古文版)和风险选择框架效应问卷(蒙古文版)。关于认知需要量表及风险选择框架效应问卷的详细描述和具体分析见前文问卷设计篇,问卷见附录 1、附录 3。

6.2.2.3　数据收集及统计分析

本部分研究采用 Excel 16.0 对数据进行输入整理,采用 SPSS 19.0 软件对数据进行统计分析。

6.2.3　结果分析

6.2.3.1　不同认知需要对蒙古族青少年决策结果的影响

(1)被试的选取

剔除无效数据后,先根据认知需要量表计算出每个被试的分数,再以所有人平均分的中位数为划分界限,将被试分为高认知需要组和低认知需要组。然后根据两组被试的描述统计特征的得分进行 t 检验($t = -48.521, p < 0.001$),发现两组被试描述统计特征的得分存在显著差异。

(2)研究设计

本部分研究采用"$2 \times 2 \times 3$"的混合实验设计(2——认知需要:高、低;2——框架效应:正向、负向;3——决策领域:生命、生活、娱乐),其中认知需要为被试间因素,框架效应和决策领域为被试内因素。因变量为被试决策结果,以选择肯定方案和风险方案的人数为指标。

(3)研究结果

生命领域的正向框架下,无论是高认知需要水平还是低认知需要水平的蒙古族青少年,选择两种方案的人数没有显著差异;在负向框架下无论是高认知需要水平还是低认知需要水平的蒙古族青少年选择风险方案的人数都显著多于选择肯定方案的人数(见表 6-7、图 6-1、图 6-2)。

表 6-7　生命领域正负向框架下不同认知需要被试的决策结果

	认知需要水平高		认知需要水平低	
	正向框架	负向框架	正向框架	负向框架
肯定方案	342	253	359	303
风险方案	328	417	371	427
χ^2	0.293	40.143***	0.197	21.063***

注:*、**、***分别表示在 0.05、0.005、0.001 水平上显著。

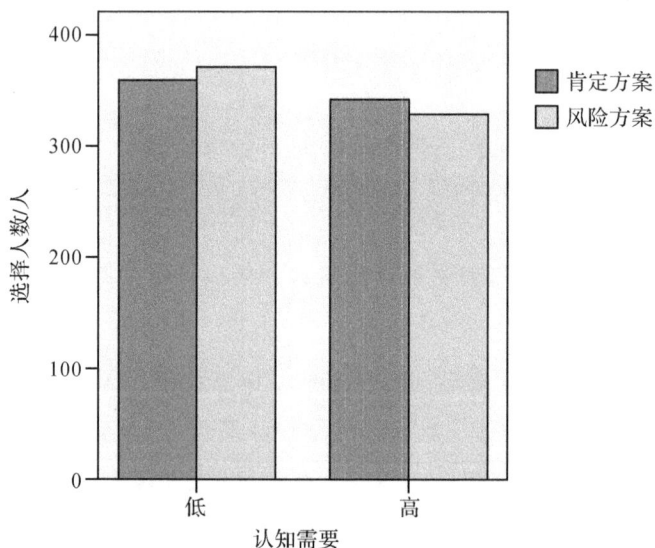

图 6-1　生命领域正向框架下不同认知需要者的决策结果

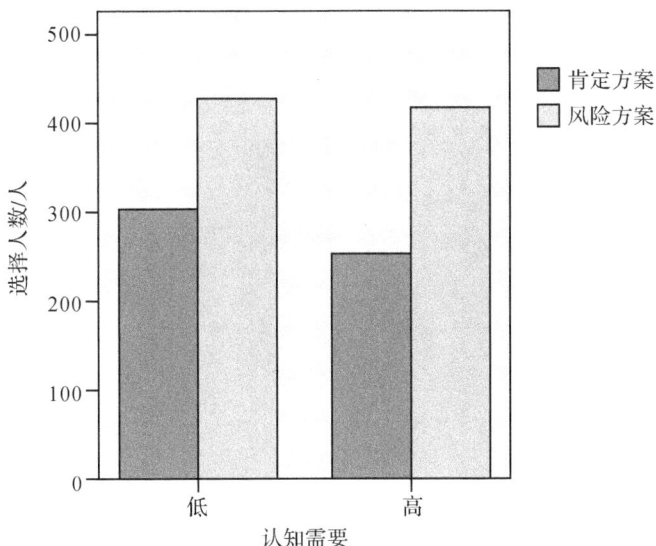

图 6-2　生命领域负向框架下不同认知需要者的决策结果

在生活领域正向框架下,高认知需要水平与低认知需要水平的蒙古族青少年选择肯定方案的人数显著多于选择风险方案的人数;在负向框架下,高认知需要水平与低认知需要水平的蒙古族青少年选择风险方案的人数显著多于选择肯定方案的人数(见表 6-8、图 6-3、图 6-4)。

表 6-8　生活领域正负向框架下不同认知需要被试的决策结果

	认知需要水平高		认知需要水平低	
	正向框架	负向框架	正向框架	负向框架
肯定方案	385	287	414	310
风险方案	285	383	316	420
χ^2	14.925***	13.755***	13.156***	16.575***

注:*、**、***分别表示在 0.05、0.005、0.001 水平上显著。

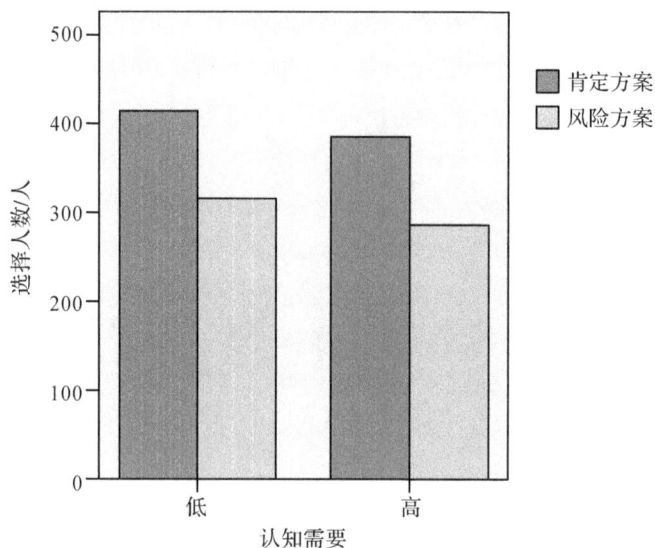

图 6-3 生活领域正向框架下不同认知需要者的决策结果

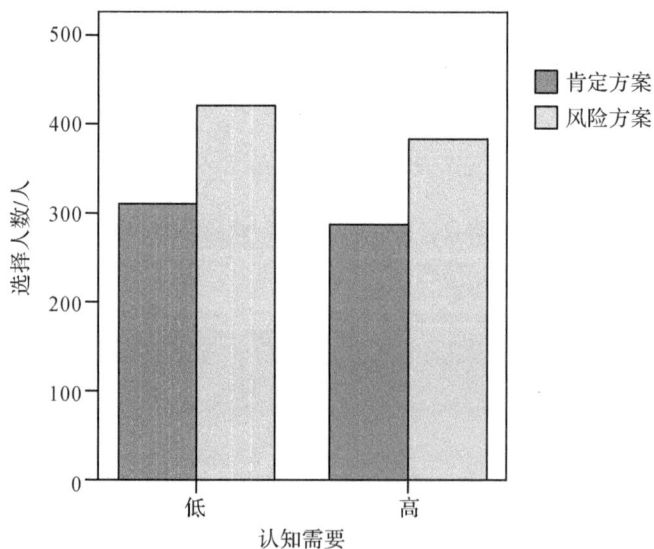

图 6-4 生活领域负向框架下不同认知需要者的决策结果

在娱乐领域正向框架下,高认知需要与低认知需要水平的蒙古族青少年选择肯定方案的人数显著多于选择风险方案的人数。在负向框架下,高认知需要水平的蒙古族青少年选择风险方案的人数显著多于选择肯定方案的人数,低认知需要水平被试在正向框架下,选择肯定方案的人数显著多于选择风险方案的人数。在负向框架下,选择风险方案的人数多于选择肯定方案的人数,但差异不显著(见表 6-9、图 6-5、图 6-6)。

表 6-9　娱乐领域正负向框架下不同认知需要被试的决策结果

	认知需要水平高		认知需要水平低	
	正向框架	负向框架	正向框架	负向框架
肯定方案	370	303	412	343
风险方案	300	367	317	387
χ^2	7.313*	6.113*	12.380***	2.652

注:*、**、*** 分别表示在 0.05、0.005、0.001 水平上显著。

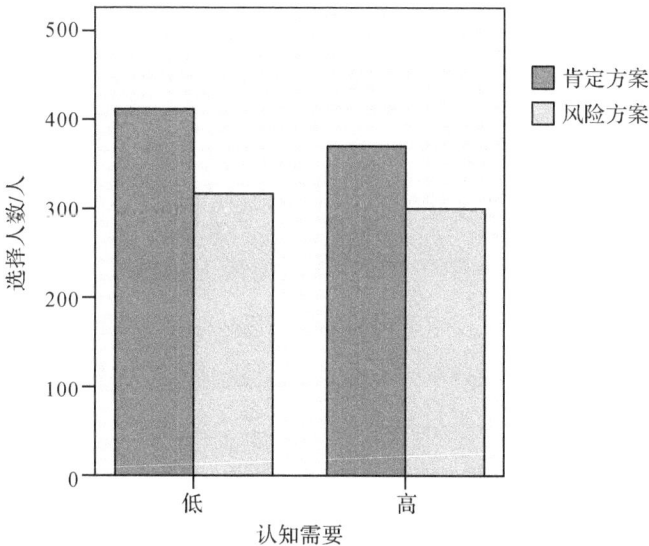

图 6-5　娱乐领域正向框架下不同认知需要者的决策结果

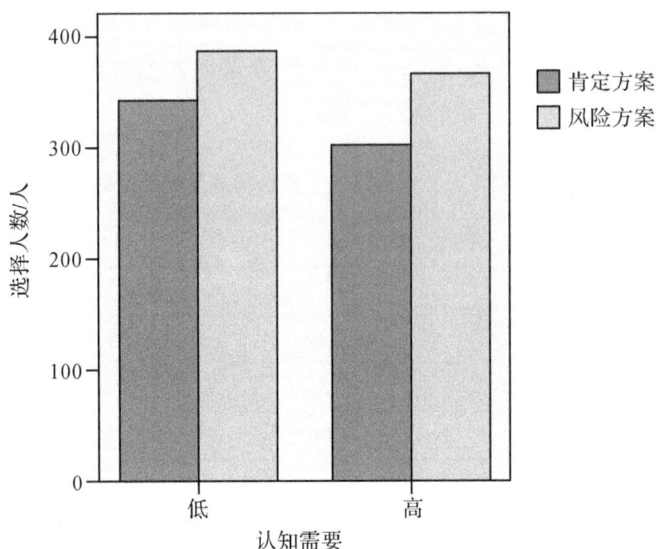

图 6-6 娱乐领域负向框架下不同认知需要者的决策结果

6.2.3.2 不同认知需要不同性别被试在不同领域的决策结果

高认知需要水平的蒙古族青少年,在生命领域负向框架下,男生和女生选择风险方案的人数显著多于选择肯定方案的人数;在正向框架下,选择没有显著差异。在生活领域正向框架下,男生与女生选择肯定方案的人数显著多于选择风险方案的人数;在负向框架下,选择风险方案的人数显著多于选择肯定方案的人数。在娱乐领域正向框架下,男生的选择没有显著差异,女生选择肯定方案的人数显著多于选择风险方案的人数;在负向框架下,男生选择风险方案的人数显著多于选择肯定方案的人数,但女生选择没有显著差异。

低认知需要水平的蒙古族青少年,在生命领域负向框架下,男生和女生选择风险方案的人数显著多于选择肯定方案的人数;在正向框架下,决策结果差异不显著。在生活领域正向框架下,男生与女生选择肯定方案的人数显著多于选择风险方案的人数;在负向框架下,男生与女生选择风险方案的人数显著多于选择肯定方案的人数。在娱乐领域正向框架下,男生的选择性没有显著差异,女生选择肯定方案的人数显著多于选择风险方案的人数;在负向框架下,男生和女生决策结果差异都不显著。

6.2.3.3 认知需要对风险选择框架效应的影响分析

由表 6-10 至表 6-12 可知,认知需要对生命领域和生活领域负向框架的影响效应显著,年龄与认知需要的交互效应对娱乐领域负向框架的影响效应显著,而其他交互效应都不显著。

表 6-10 高认知需要水平男女被试在不同领域不同框架下的决策结果

性别	生命领域				生活领域				娱乐领域			
	正向框架		负向框架		正向框架		负向框架		正向框架		负向框架	
	男	女	男	女	男	女	男	女	男	女	男	女
肯定方案	168	173	128	125	195	190	145	142	186	184	148	155
风险方案	174	155	214	203	147	138	197	186	156	144	194	173
χ^2	0.105	1.220	21.626***	18.549***	6.737*	8.244**	7.906**	5.902*	2.632	4.878*	6.187*	0.988

注：*、**、***分别表示在 0.05,0.005,0.001 水平上显著。

表 6-11 低认知需要水平男女被试在不同领域不同框架下的决策结果

性别	生命领域				生活领域				娱乐领域			
	正向框架		负向框架		正向框架		负向框架		正向框架		负向框架	
	男	女	男	女	男	女	男	女	男	女	男	女
肯定方案	178	181	155	148	200	214	148	162	193	219	170	173
风险方案	180	191	203	224	158	158	210	210	165	152	188	198
χ^2	0.011	0.269	6.436*	15.527***	4.927*	8.430**	10.737***	6.194*	2.190	12.100***	0.905	1.817

注：*、**、***分别表示在 0.05,0.005,0.001 水平上显著。

表 6-12　认知需要对不同领域不同框架下的决策结果效应的 Logistic 分析

变量		正向框架			负向框架		
		Wald	df	p	Wald	df	p
生命领域	认知需要	0.722	1	0.395	5.780	1	0.016
	年龄×认知需要	3.613	1	0.057	1.292	1	0.256
	性别×认知需要	0.014	1	0.907	1.890	1	0.169
	年龄×性别×认知需要	1.186	1	0.276	0.083	1	0.773
	常数	0.723	1	0.000	2.237	1	0.000
生活领域	认知需要	0.041	1	0.839	0.957	1	0.003
	年龄×认知需要	0.886	1	0.346	1.588	1	0.208
	性别×认知需要	0.229	1	0.635	0.143	1	0.705
	年龄×性别×认知需要	0.721	1	0.396	0.350	1	0.554
	常数	0.677	1	0.411	0.351	1	0.000
娱乐领域	认知需要	0.040	1	0.841	0.598	1	0.439
	年龄×认知需要	1.604	1	0.205	7.265	1	0.007
	性别×认知需要	2.101	1	0.147	3.727	1	0.054
	年龄×性别×认知需要	0.029	1	0.865	0.311	1	0.577
	常数	0.515	1	0.473	0.184	1	0.668

6.2.4　讨论

在不同框架效应下,不同认知需要的蒙古族青少年在各决策领域的决策结果存在明显不同。表 6-7 和图 6-1 说明,在生命领域的正向框架下,认知需要对蒙古族青少年的决策结果没有显著影响;表 6-7 和图 6-2 说明,在生命领域的负向框架下,无论高认知需要水平($\chi^2=40.143,p<0.001$)还是低认知需要水平($\chi^2=21.063,p<0.001$),蒙古族青少年的决策结果均存在显著差异。从表 6-8 和图 6-3 可知,在生活领域的正向框架下,不同认知需要水平的蒙古族青少年选择肯定方案的人数都显著多于风险方案,趋于回避风险。

表 6-8 和图 6-4 说明,在生活领域的负向框架下,选择风险方案的人数显

著多于肯定方案,趋于寻求风险,在生活领域里出现了典型的风险框架效应。从表 6-9 和图 6-5 可知,在娱乐领域的正向框架下,高认知需要水平的蒙古族青少年选择肯定方案的人数(370 人)多于风险方案(300 人),差异显著($\chi^2 = 21.063, p < 0.001$),趋于回避风险;低认知需要水平的被试选择肯定方案的人数(412 人)多于风险方案(317 人),差异显著($\chi^2 = 12.380, p < 0.001$),趋于回避风险。表 6-9 和图 6-6 说明,在娱乐领域的负向框架下,高认知需要水平的被试选择风险方案的人数(367 人)显著多于肯定方案人数(303),差异显著($\chi^2 = 6.113, p < 0.001$),趋于寻求风险;低认知需要水平的被试选择风险方案人数(387 人)多于肯定方案的人数(343 人),但差异不显著。可见认知需要对风险选择框架效应有影响,被试均表现出了一定的框架效应,这与以往的一些研究结果一致(Shiloh, Salton, Sharabi, 2002;Simon, Fagley, Halleran, 2004)。但与“低认知需要组表现出风险选择框架效应,而高认知需要组未出现风险选择框架效应”的研究结论(Smith, Levin, 1996)不一致,这可能与决策任务和民族区域文化有关。

不同性别不同认知需要的蒙古族青少年在各决策领域的风险选择是不同的。通过表 6-10 可知,在正向框架下,高认知需要组男生在生活和娱乐两个领域选择肯定方案的人数都明显多于选择风险方案的人数,但只有在生活领域里差异显著($\chi^2 = 6.737, p < 0.05$);而女生在生活领域($\chi^2 = 8.244, p < 0.01$)和娱乐领域($\chi^2 = 4.878, p < 0.05$)里差异显著。在负向框架下,高认知需要组男生在生命($\chi^2 = 21.626, p < 0.001$)、生活($\chi^2 = 7.906, p < 0.01$)和娱乐($\chi^2 = 6.187, p < 0.05$)三个领域选择风险方案的人数都多于选择肯定方案的人数且差异显著;而女生只在生命领域($\chi^2 = 18.549, p < 0.001$)和生活领域($\chi^2 = 5.902, p < 0.05$)里差异显著。通过表 6-11 可知,在正向框架下,低认知需要组男生只有在生活领域里的决策结果差异显著($\chi^2 = 4.927, p < 0.05$);而女生在生活领域($\chi^2 = 8.430, p < 0.01$)和娱乐领域($\chi^2 = 12.100, p < 0.001$)里差异显著。在负向框架下,低认知需要组男生在生命领域($\chi^2 = 6.436, p < 0.05$)和生活领域($\chi^2 = 10.737, p < 0.001$)里差异显著;女生也是在生命领域($\chi^2 = 15.527, p < 0.001$)和生活领域($\chi^2 = 6.194, p < 0.05$)里差

异显著。

从表 6-12 Logistic 分析的统计结果来看，认知需要对风险选择框架效应的影响只有在生命领域和生活领域负向框架下显著，其他领域都不显著。

6.2.5 结论

第一，不同认知需要的蒙古族青少年在不同领域表现出不同的风险选择框架效应。

第二，不同认知需要的蒙古族青少年的风险选择框架效应的性别差异受决策领域的影响。

第三，认知需要对风险选择框架效应的影响具有显著的领域差异。

6.3　决策风格与蒙古族青少年风险选择框架效应的关系

6.3.1　问题的提出

决策风格体现决策者在决策过程中的心理活动且带有明显的个人特征（Eisenhardt,1989）。对相关文献做梳理后,关于决策风格的研究成果可以归纳为三个部分:一是认为框架效应的产生与决策风格有关,与决策中信息加工变量相关。典型框架效应与理性风格存在正相关,与经验—直觉风格存在负相关,多种决策风格组合者受框架效应的影响表现不一致,高理性高直觉和低理性低直觉者受框架效应的影响较为明显（Shiloh,Salton,Sharabi,2002）。二是认为框架效应与决策风格和情绪状态存在交互作用（Simon,Fagley,Halleran,2004）。三是认为不同的框架类型与决策风格存在不同的相关性,可以用决策风格来解释框架效应（Levin,2000）等。对此,本部分研究做以下假设。

假设 1:不同决策风格的蒙古族青少年在不同领域不同框架下的风险选择结果存在显著差异。

假设 2:不同决策风格的蒙古族青少年风险选择框架效应存在性别差异。

6.3.2　研究方法

6.3.2.1　研究对象

本部分研究采用随机分层法,各年龄组抽取被试 280 人,男女生各占一半。关于被试的具体介绍见前文介绍。

6.3.2.2　研究工具

研究工具主要是决策风格量表（蒙古文版）和风险选择框架效应问卷（蒙古文版）。

关于决策风格量表及风险选择框架效应问卷的详细描述和具体说明见前文问卷设计篇,问卷见附录 1、附录 4。

6.3.2.3　数据收集及统计分析

本部分研究采用 Excel 16.0 对数据进行输入整理，采用 SPSS 19.0 软件对数据进行统计分析。

6.3.3　结果分析

6.3.3.1　各领域不同框架下不同决策风格的蒙古族青少年的决策结果

（1）被试的选取

先依据决策风格量表的评分标准，计算出每个被试在每类决策风格上的总分，5 种决策风格中得分最高且分值在这一风格类型的平均分以上，就可以确定为被试所属的决策风格。决策风格正如人格特征，除了主要的决策风格外，可能还会有次要的或者混合型的风格，但对个体决策行为起到重要作用的还是主要的决策风格类型（Driver，1979）。统计结果如图 6-7 所示：在 1400名被试中，理智型的人数占总人数的 67.64％，直觉型的人数占总人数的13.29％，依赖型的人数占总人数的 13.00％，所以我们重点分析理智型、直觉型和依赖型的决策行为倾向。

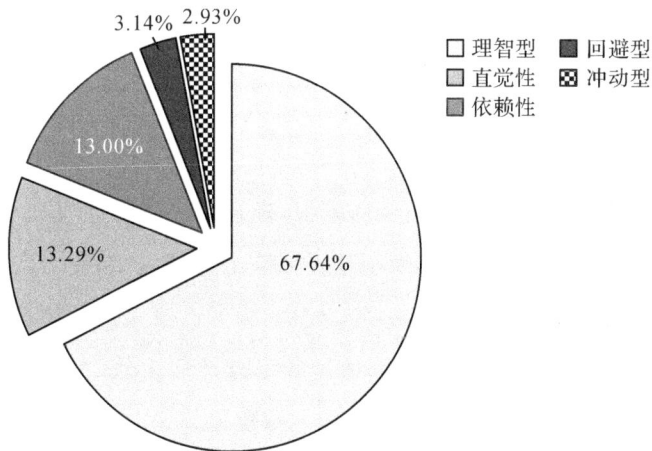

图 6-7　蒙古族青少年决策风格类型统计情况

（2）研究设计

本部分研究为 3（决策风格：理智型、直觉型、依赖型）× 2（框架效应：正向、负向）× 3（决策领域：生命、生活、娱乐）的混合实验设计，其中决策风格为被试间因素，框架效应和决策领域为被试内因素。因变量为被试决策结果，以选择肯定方案和风险方案的人数为指标。

（3）结果分析

从表 6-13 中可以看出，在生命领域中，理智型的蒙古族青少年在正向框架下，选择两种方案的人数没有显著差异；在负向框架下，选择风险方案的人数显著多于选择肯定方案的人数。直觉型的被试，在正负向框架下选择风险方案的人数都显著多于选择肯定方案的人数。依赖型的被试，在正向框架下，选择两种方案的人数没有显著差异；在负向框架下，选择风险方案的人数显著多于选择肯定方案的人数。

表 6-13　生命领域正负向框架下不同决策风格被试的决策结果

	理智型		直觉型		依赖型	
	正向框架	负向框架	正向框架	负向框架	正向框架	负向框架
肯定方案	488	368	79	68	87	75
风险方案	459	579	107	118	95	107
χ^2	0.888	47.013***	4.215*	13.441***	0.352	5.626*

注：*、**、***分别表示在 0.05、0.005、0.001 水平上显著。

从表 6-14 中可以看出，在生活领域中，理智型的蒙古族青少年在正向框架下，选择肯定方案的人数显著多于选择风险方案的人数；在负向框架下，选择风险方案的人数显著多于选择肯定方案的人数。直觉型的被试，在负向框架下选择风险方案的人数多于选择肯定方案的人数；在正向框架下，选择肯定方案的人数多于选择风险方案的人数但差异不显著。依赖型的被试，在正负向框架下选择两种方案的人数没有显著差异。

表 6-14 生活领域正负向框架下不同决策风格被试的决策结果

	理智型		直觉型		依赖型	
	正向框架	负向框架	正向框架	负向框架	正向框架	负向框架
肯定方案	537	401	106	75	96	78
风险方案	410	546	80	111	86	104
χ^2	17.032***	22.202***	3.634	6.968*	0.549	3.714

注：*、**、***分别表示在 0.05、0.005、0.001 水平上显著。

从表 6-15 中可以看出,在娱乐领域中,理智型的蒙古族青少年在正向框架下,选择肯定方案的人数显著多于选择风险方案的人数;在负向框架下,选择风险方案的人数显著多于选择肯定方案的人数。直觉型的被试,在正负向框架下的选择都没有显著差异。依赖型的被试,在正向框架下,选择肯定方案的人数显著多于选择风险方案的人数;在负向框架下,选择没有显著差异。

表 6-15 娱乐领域正负向框架下不同决策风格被试的决策结果

	理智型		直觉型		依赖型	
	正向框架	负向框架	正向框架	负向框架	正向框架	负向框架
肯定方案	520	420	102	81	110	93
风险方案	426	527	84	105	72	89
χ^2	9.340**	12.090***	1.742	3.097	7.934**	0.088

注：*、**、***分别表示在 0.05、0.005、0.001 水平上显著。

6.3.3.2 决策风格对风险选择框架效应的影响分析

从表 6-16 中可以看出,在生命领域里,理智型和直觉型的主效应显著;年龄与直觉型的交互效应显著;年龄与依赖型的交互效应对正向框架影响显著;年龄、性别与直觉型的交互效应显著;其他交互效应都不显著。

表 6-16 决策风格对生命领域正负框架下决策结果效应的 Logistic 分析

变量		正向框架			负向框架		
		Wald	df	p	Wald	df	p
生命领域	理智型	4.470	1	0.035	4.981	1	0.026
	直觉型	16.526	1	0.000	14.950	1	0.000

续　表

变量		正向框架			负向框架		
		Wald	df	p	Wald	df	p
生命领域	依赖型	0.964	1	0.326	2.316	1	0.128
	年龄×理智型	0.060	1	0.807	0.020	1	0.888
	年龄×直觉型	6.403	1	0.011	3.918	1	0.048
	年龄×依赖型	3.896	1	0.048	2.263	1	0.132
	性别×理智型	0.004	1	0.947	2.018	1	0.155
	性别×直觉型	0.640	1	0.424	0.050	1	0.823
	性别×依赖型	0.031	1	0.861	2.859	1	0.091
	年龄×性别×理智型	1.141	1	0.286	2.880	1	0.090
	年龄×性别×直觉型	4.146	1	0.042	5.591	1	0.018
	年龄×性别×依赖型	3.454	1	0.063	3.233	1	0.072
	年龄×性别×理智型×直觉型	1.703	1	0.192	5.194	1	0.203
	年龄×性别×理智型×依赖型	0.042	1	0.838	0.313	1	0.576
	年龄×性别×直觉型×依赖型	0.017	1	0.896	0.526	1	0.468
	年龄×性别×理智型×直觉型×依赖型	1.053	1	0.305	2.749	1	0.097
	常数	0.727	1	0.000	7.044	1	0.000

从表 6-17 中可以看出,在生活领域里,依赖型的主效应显著;年龄与直觉型的交互效应对负向框架影响显著;年龄与依赖型的交互效应对正向框架影响显著;其他交互效应都不显著。

表 6-17　决策风格对生活领域正负框架下的决策结果效应的 Logistic 分析

变量		正向框架			负向框架		
		Wald	df	p	Wald	df	p
生活领域	理智型	0.875	1	0.350	0.544	1	0.461
	直觉型	1.091	1	0.296	1.714	1	0.190
	依赖型	1.385	1	0.039	1.234	1	0.000
	年龄×理智型	0.731	1	0.393	0.009	1	0.926

续　表

变量		正向框架			负向框架		
		Wald	df	p	Wald	df	p
生活领域	年龄×直觉型	2.692	1	0.101	3.999	1	0.046
	年龄×依赖型	5.572	1	0.018	2.598	1	0.107
	性别×理智型	0.460	1	0.498	0.200	1	0.655
	性别×直觉型	1.397	1	0.237	0.406	1	0.524
	性别×依赖型	3.728	1	0.054	0.638	1	0.424
	年龄×性别×理智型	0.804	1	0.370	0.001	1	0.984
	年龄×性别×直觉型	0.240	1	0.624	2.315	1	0.128
	年龄×性别×依赖型	0.158	1	0.691	0.630	1	0.127
	年龄×性别×理智型×直觉型	0.721	1	0.396	0.792	1	0.374
	年龄×性别×理智型×依赖型	0.665	1	0.415	0.011	1	0.981
	年龄×性别×直觉型×依赖型	0.164	1	0.486	0.155	1	0.694
	年龄×性别×理智型×直觉型×依赖型	1.365	1	0.243	0.464	1	0.496
	常数	0.365	1	0.000	1.403	1	0.236

从表6-18中可以看出,在娱乐领域里,直觉型和依赖型的主效应显著;其他交互效应都不显著。

表 6-18　决策风格对娱乐领域正负框架下的决策结果效应的 Logistic 分析

变量		正向框架			负向框架		
		Wald	df	p	Wald	df	p
娱乐领域	理智型	0.192	1	0.661	3.626	1	0.057
	直觉型	3.557	1	0.019	5.882	1	0.015
	依赖型	8.293	1	0.004	3.046	1	0.041
	年龄×理智型	0.027	1	0.870	2.119	1	0.146
	年龄×直觉型	2.236	1	0.135	0.415	1	0.519
	年龄×依赖型	0.677	1	0.411	1.331	1	0.249
	性别×理智型	1.086	1	0.297	0.260	1	0.610

续　表

变量		正向框架			负向框架		
		Wald	df	p	Wald	df	p
娱乐领域	性别×直觉型	1.800	1	0.180	0.691	1	0.406
	性别×依赖型	0.691	1	0.406	0.036	1	0.371
	年龄×性别×理智型	1.882	1	0.170	0.170	1	0.680
	年龄×性别×直觉型	1.782	1	0.182	0.719	1	0.397
	年龄×性别×依赖型	0.210	1	0.246	0.235	1	0.628
	年龄×性别×理智型×直觉型	0.665	1	0.415	0.003	1	0.989
	年龄×性别×理智型×依赖型	0.220	1	0.639	1.548	1	0.214
	年龄×性别×直觉型×依赖型	0.001	1	0.994	2.803	1	0.094
	年龄×性别×理智型×直觉型×依赖型	0.002	1	0.595	2.371	1	0.124
	常数	0.137	1	0.000	3.095	1	0.000

6.3.4　讨论

在不同领域不同框架下,不同决策风格的蒙古族青少年在各决策领域的决策结果存在明显不同。通过表 6-13 可知,在生命领域里,理智型被试在正向框架下选择肯定方案的人数(488 人)多于选择风险方案的人数(459 人);在负向框架下选择风险方案的人数(579 人)多于选择肯定方案的人数(368人)且差异显著($\chi^2 = 47.013$,$p < 0.001$)。直觉型被试无论在正向框架下还是在负向框架下都是选择风险方案的人数多于选择肯定方案的人数且差异显著($\chi^2 = 4.215$,$p < 0.05$)($\chi^2 = 13.441$,$p < 0.001$);在负向框架下选择风险方案的人数(118)多于在正向框架下选择风险方案的人数(107 人),出现了单向风险寻求的框架效应。依赖型被试在正负向框架下都倾向于选择风险方案,但只有在负向框架下差异显著($\chi^2 = 5.626$,$p < 0.05$)。通过表 6-14 可知,在生活领域里,理智型被试在正向框架下选择肯定方案的人数(537 人)多于选择风险方案的人数(410)且差异显著($\chi^2 = 17.032$,$p < 0.001$);在负向框架下选择风险方案的人数(546)多于选择肯定方案的人数(401 人)且差异显著

（$\chi^2 = 22.202, p < 0.001$），出现了典型框架效应。直觉型被试在正向框架下选择肯定方案的人数（106 人）多于选择风险方案的人数（80 人），负向框架下选择风险方案的人数（111 人）多于选择肯定方案的人数（75 人），但只有在负向框架下差异显著（$\chi^2 = 6.968, p < 0.05$）。依赖型虽然在正向框架下选择肯定方案的人数（96 人）多于选择风险方案的人数（86 人），负向框架下选择风险方案的人数（104 人）多于选择肯定方案的人数（78 人），但差异都不显著。通过表 6-15 可知，在娱乐领域里，理智型被试在正向框架下选择肯定方案的人数（520 人）多于选择风险方案的人数（426 人）且差异显著（$\chi^2 = 9.340, p < 0.01$）；在负向框架下选择风险方案的人数（527 人）多于选择肯定方案的人数（420 人）且差异显著（$\chi^2 = 12.090, p < 0.001$），出现了典型框架效应。直觉型被试在正向框架下选择肯定方案的人数（102 人）多于选择风险方案的人数（84 人），在负向框架下选择风险方案的人数（105 人）多于选择肯定方案的人数（81 人），但差异都不显著。依赖型被试无论在正向框架下还是在负向框架下都是选择肯定方案的人数（110 人）多于选择风险方案的人数（72 人），但只有在正向框架下差异显著（$\chi^2 = 7.934, p < 0.01$）。可见，决策风格会影响人们决策时的风险偏好（余嘉元，2001）。不同决策风格的决策者在面对同一决策任务时会表现出不同的行为选择（董俊花，2006），决策风格与不同框架类型相关（Levin，Huneke，Jasper，2000）。另外，决策风格也可能与任务领域存在交互作用共同影响决策，但是关于决策风格影响决策的程度方面仍很难形成统一观点（Shiloh，Koren，Zakay.，2001）。

通过表 6-16、表 6-17、表 6-18 可知，在生命领域里，理智型和直觉型的主效应显著；在生活领域里，依赖型的主效应显著；在娱乐领域里，直觉型和依赖型的主效应显著。

6.3.5 结论

第一，理智型的蒙古族青少年在生活和娱乐领域里框架效应明显。

第二，直觉型的蒙古族青少年在生命领域里框架效应明显。

第三，依赖型的蒙古族青少年在三个任务领域里框架效应都不明显。

第四,不同的决策风格类型对不同决策领域的风险选择框架效应的影响不同。

7　个体特征对蒙古族青少年风险选择框架效应的作用模型

对于不确定状况下如何做出判断的心理学研究,研究者多把注意力集中在直觉判断与标准概率逻辑的对应性上(Nisbett,Ross,1980;Einhorn,Hogarth,1981)。一般直觉推理的合理性,必须根据该事件潜在模型的恰当性予以证明,然后根据概率模型做出规范性判断(Kahneman,Tversky,1984)。通过第 5 的研究章可知,蒙古族青少年存在风险选择框架效应,具有一定的年龄发展特征,并且存在决策领域的差异和框架差异;通过第 6 章的研究可知,不同决策领域不同框架下,不同个体特征的蒙古族青少年的风险选择存在差异,说明风险偏好、认知需要和决策风格等个体特征与风险选择框架效应存在一定的关系,通过影响效应分析又可知蒙古族青少年的个体特征对风险选择框架效应作用显著且具有领域性。所以,本章将在前文的基础上,建构蒙古族青少年个体特征影响风险选择框架效应的作用模型。其中关键的操纵变量是决策领域,因变量是二元分类变量(保守或者冒险),因为自变量中既包括分类变量如年龄、性别,也包括连续变量如风险偏好、认知需要和决策风格,所以数据分布不适宜采用连续变量的统计方法如因素分析或路径分析,比较适合用 Logistic 回归分析技术建立模型。

本部分研究主要包括 3 个子研究,子研究一主要是探讨生命领域下蒙古族青少年风险偏好、认知需要和决策风格对风险选择框架效应的作用模型;子研究二主要是探讨生活领域下蒙古族青少年风险偏好、认知需要和决策风格对风险选择框架效应的作用模型;子研究三主要是探讨娱乐领域下蒙古族青少年风险偏好、认知需要和决策风格对风险选择框架效应的作用模型。

7.1 生命领域下个体特征对风险选择框架效应的作用模型

7.1.1 数据来源及预处理

样本数据是第 6 章的全部数据,其中性别项中"男"赋值为 1,"女"赋值为 0;年龄项中"9 岁组"赋值为 1,"11 岁组"赋值为 2,"13 岁组"赋值为 3,"15 岁组"赋值为 4,"17 岁组"赋值为 5;因变量依据两个水平分别赋值为 0,1,0 为肯定方案,1 为风险方案。

7.1.2 变量选取

因变量:决策结果(保守或风险);

自变量 1:年龄;

自变量 2:性别;

自变量 3:风险偏好;

自变量 4:认知需要;

自变量 5:理智型;

自变量 6:直觉型;

自变量 7:依赖型。

由于自变量 1 为多分类变量,而多分类自变量与因变量之间通常不存在线性关系,但需用哑变量的方式来分析,所以在运用 SPSS 软件进行分析时用 Categorica 指定分类变量,设置标准为 17 岁组,系统自动生成哑变量参与分析。

7.1.3 模型回归原理

模型应用公式为

$$p = \frac{e^{a_0 + a_1 X_1 + \cdots + a_k X_k}}{1 + e^{a_0 + a_1 X_1 + \cdots + a_k X_k}}$$

式中,$a_0, a_1, a_2, a_k, \cdots$ 为系数(a_0 代表截距), $X_1, X_k \cdots$ 为自变量, p 为伯努利

分布中事件发生的条件概率("1"这个结果在自变量取值后出现的条件概率)。

7.1.4 模型回归结果

7.1.4.1 正向框架的回归结果

根据表 7-1,在步骤 1 中被选入回归模型的自变量为"直觉型",步骤 2 中被选入回归模型的自变量为"风险偏好",步骤 3 中被选入回归模型的自变量为"理智型",胜算比值分别为 1.076、1.745、0.962。由于直觉型与风险偏好的胜算比值大于 1,表示变量测量值的分数越高,越有可能选择风险方案;理智型的胜算比值小于 1,表示理智型的得分越高,选择风险方案的概率越小。

表 7-1 个别参数显著性的检验

		B	S. E.	Wald	df	p	Exp(B)	95.0% C. I. for EXP(B)	
								Lower	Upper
Step 1[a]	直觉型	0.058	0.017	11.519	1	0.001	1.060	1.025	1.096
	Constant	−0.919	0.275	11.155	1	0.001	0.399		
Step 2[b]	直觉型	0.059	0.017	11.986	1	0.001	1.061	1.026	1.097
	风险偏好	0.546	0.178	9.454	1	0.002	1.727	1.219	1.446
	Constant	−1.187	0.290	16.717	1	0.000	0.305		
Step 3[c]	理智型	−0.038	0.016	6.033	1	0.014	0.962	0.933	0.992
	直觉型	0.073	0.018	16.289	1	0.000	1.076	1.038	1.114
	风险偏好	0.557	0.178	9.773	1	0.002	1.745	1.231	1.474
	Constant	−0.696	0.351	3.928	1	0.000	0.499		

a. Variable(s) entered on step 1:直觉型
b. Variable(s) entered on step 2:风险偏好
c. Variable(s) entered on step 3:理智型

最理想的回归模型是 χ^2 检验值统计量达到显著而 Hosmer-Lemeshow 检验法(统计量简称为 HL)刚好相反,当其检验值未达到 0.05 显著性水平时,表示整体模型的适配度佳(吴明隆,2010)。从表 7-2 可以发现,回归模型的整体模型显著性检验的 $\chi^2 = 27.265(p = 0.000 < 0.05)$，达到 0.05 显著性水平；而 Hosmer-Lemeshow 检验值为 $1.810(p = 0.986 > 0.05)$，未达到显著性水平，表示所建立的回归模型适配度良好，自变量可以有效预测因变量。

表 7-2　整体模型适配度检验

χ^2	Hosmer-Lemeshow 检验值
27.265***	1.810 n.s.

注：*、**、*** 分别表示在 0.05、0.005、0.001 水平上显著；n.s. 表示 $p > 0.05$，不显著。

Logistic 回归模型为

$$\log\left(\frac{p}{1-p}\right) = -0.038 \times 理智型 + 0.073 \times 直觉型 + 0.557 \times 风险偏好 - 0.696$$

$$p = \frac{e^{-0.038 \times 理智型 + 0.073 \times 直觉型 - 0.557 \times 风险偏好 - 0.696}}{1 + e^{-0.038 \times 理智型 + 0.073 \times 直觉型 - 0.557 \times 风险偏好 - 0.696}}$$

如果预测值 p 的概率大于 0.5，则样本主体越有可能选择风险方案；如果预测值 p 的概率小于 0.5，则样本主体越有可能选择肯定方案。

7.1.4.2　负向框架的回归结果

根据表 7-3，在步骤 1 中被选入的回归模型的自变量为"直觉型"；步骤 2 中被选入回归模型的自变量为"风险偏好"，胜算比值分别为 1.079、1.703；步骤 3 中被选入回归模型的自变量为"年龄"，胜算比值分别为 0.660、0.638、0.680、0.803。由于直觉型和风险偏好的胜算比值大于 1，表示直觉型测量值的分数越高，风险偏好指数越高，越有可能选择风险方案；年龄的胜算比值小于 1，表示年龄小于 17 岁组被试，年龄越小选择风险方案的可能性越小。13 岁组虽然在回归方程中，但由于 $p = 0.198$，差异不显著，所以不列入回归模型中。

表 7-3 个别参数显著性的检验

		B	S.E.	Wald	df	p	Exp(B)	95.0% C.I. for EXP(B)	
								Lower	Upper
Step 1[a]	直觉型	0.077	0.018	19.073	1	0.000	1.080	1.043	1.118
	Constant	−0.800	0.283	8.005	1	0.005	0.450		
Step 2[b]	直觉型	0.078	0.018	19.621	1	0.000	1.082	1.045	1.120
	风险偏好	0.532	0.181	8.641	1	0.003	1.702	1.194	2.427
	Constant	−1.056	0.297	12.651	1	0.000	0.348		
Step 3[c]	年龄			9.577	4	0.048			
	年龄(1)	−0.386	0.173	4.981	1	0.026	0.680	0.484	0.954
	年龄(2)	−0.450	0.169	7.074	1	0.008	0.638	0.458	0.888
	年龄(3)	−0.220	0.171	1.656	1	0.198	0.803	0.574	1.122
	年龄(4)	−0.416	0.178	5.462	1	0.019	0.660	0.466	0.935
	直觉型	0.076	0.018	18.061	1	0.000	1.079	1.042	1.117
	风险偏好	0.533	0.183	8.507	1	0.004	1.703	1.191	2.436
	Constant	−0.732	0.323	5.122	1	0.000	0.481		

a. Variable(s) entered on step 1：直觉型
b. Variable(s) entered on step 2：风险偏好
c. Variable(s) entered on step 3：年龄

根据表 7-4 可以发现,回归模型的整体模型显著性检验的 $\chi^2 = 33.417$ ($p=0.000<0.05$),达到 0.05 显著性水平;而 Hosmer-Lemeshow 检验值为 12.950($p=0.114>0.05$),未达到显著性水平,表示所建立的回归模型适配度良好,自变量可以有效预测因变量。

表 7-4 整体模型适配度检验

χ^2	Hosmer-Lemeshow 检验值
33.417***	12.950 n.s.

注：*、**、*** 分别表示在 0.05、0.005、0.001 水平上显著;n.s. 表示 $p>0.05$,不显著。

Logistic 回归模型为

$$\log\left(\frac{p}{1-p}\right) = 0.076 \times 直觉型 - 0.450 \times 年龄_{(2)} - 0.416 \times 年龄_{(4)} -$$

$$0.386 \times 年龄_{(1)} + 0.533 \times 风险偏好 - 0.732$$

$$p = \frac{e^{0.076 \times 直觉型 - 0.450 \times 年龄_{(2)} - 0.416 \times 年龄_{(4)} - 0.386 \times 年龄_{(1)} + 0.533 \times 风险偏好 - 0.732}}{1 + e^{0.076 \times 直觉型 - 0.450 \times 年龄_{(2)} - 0.416 \times 年龄_{(4)} - 0.386 \times 年龄_{(1)} + 0.533 \times 风险偏好 - 0.732}}$$

如果预测值 p 的概率大于 0.5,样本主体越有可能选择风险方案;如果预测值 p 的概率小于 0.5,则样本主体越有可能选择肯定方案。

7.1.5 讨论

第一,在生命领域的正向框架下,影响蒙古族青少年风险选择框架效应的主要个体特征是风险偏好、直觉型和理智型。

经 Logistic 回归结果分析可知,在生命领域的正向框架下,影响蒙古族青少年风险选择框架效应的主要个体特征有风险偏好,决策类型主要是直觉型和理智型。风险偏好对风险选择框架效应的影响主要体现为:风险偏好得分越高,那么在生命领域的正向框架下越有可能选择风险方案,也就是受框架效应的影响可能就会越小,风险偏好和风险方案存在正相关关系。决策类型中的直觉型被试在生命领域的正向框架下趋于选择风险方案,而理智型被试正好相反,他们在生命领域的正向框架下不选择风险方案的可能性较大。风险偏好的相关研究结果也说明,个体风险偏好强度中等的人的风险选择框架效应最显著,高风险偏好者通常一直偏爱选择风险方案,而低风险偏好者总是喜欢选择肯定方案(Zickar, Highhouse, 1998)。这一点在表 6-1 中也得到了证明,高风险偏好者选择风险方案的有 406 人,选择肯定方案的有 281 人,差异显著($\chi^2 = 22.744$, $p < 0.001$);低风险偏好者中选择肯定方案的人数是 420 人,选择风险方案的人数是 293 人($\chi^2 = 22.621$, $p < 0.001$)。通过表 6-13 可知,在正向框架下,理智型的被试在生命领域里选择肯定方案的人数是 488 人,选择风险方案的人数是 459 人($\chi^2 = 0.888$)差异不明显;直觉型被试在生命领域里正向框架下选择风险方案的人数也明显多于选择肯定方案的人数,选择肯定方案的人数是 79 人,选择风险方案的人数是 107 人,差异显著($\chi^2 =$

4.215,$p<0.05$）。其回归模型说明，如果预测值 p 的概率大于 0.5，那么样本被归于"1"组即风险方案组，则样本主体越有可能选择风险方案；如果预测值 p 的概率小于 0.5，那么样本被归于"0"组肯定方案组，则样本主体越有可能选择肯定方案。也就是说，在生命领域的正向框架下，如果预测值 p 的概率大于 0.5，蒙古族青少年越不易受框架效应的影响；如果预测值 p 的概率小于 0.5，蒙古族青少年越易受框架效应的影响。

第二，在生命领域的负向框架下，影响蒙古族青少年风险选择框架效应的主要个体特征是直觉型、风险偏好和年龄。

经 Logistic 回归结果分析可知，在生命领域的负向框架下，影响蒙古族青少年风险选择框架效应的主要个体特征有直觉型、风险偏好和年龄。蒙古族青少年在生命领域负向框架下的直觉型和风险偏好的胜算比值为 1.079 和 1，1.703 均大于 1，与生命领域正向框架下的作用关系是一致的。也就是说，被试的风险偏好指数越高，被试越倾向于选择风险方案，直觉型得分越高，被试越倾向于选择风险方案。表 6-1 也说明了这一点，在生命领域负向框架下，风险偏好水平高的被试选择风险方案的人数是 475 人，选择肯定方案的人数是 212 人，差异显著（$\chi^2=100.683$，$p<0.001$）。从表 7-3 中可知，直觉型的胜算比值为 1.079>1，直觉型被试选择风险方案的人数应该多一些，表 6-13 的结果也说明这一点，直觉型的被试在生命领域负向框架下选择肯定方案的人数是 68 人，选择风险方案的人数是 118 人，差异显著（$\chi^2=13.441$，$p<0.001$），选择风险方案的人数多于选择肯定方案的人数。年龄对决策结果的影响主要是，相对于 17 岁组，从低年龄组到 17 岁组选择肯定方案的比例可能会越来越小，9 岁组肯定方案的选择人数是 65 人（54%），11 岁组肯定方案的选择人数是 47 人（39%），13 岁组肯定方案的选择人数是 57 人（48%），15 岁组肯定方案的选择人数是 34 人（28%），17 岁组肯定方案的选择人数是 27 人（23%），其中 13 岁组肯定方案的选择人数比例稍高一些，在模型回归中因为 $p=0.198$ 影响不显著也没有回归入模型中。

第三，整体模型检验非常理想。

在 Logistic 回归分析中，最理想的回归模型是 χ^2 检验值统计量达到显著而 Hosmer-Lemeshow 检验法(统计量简称为 HL)刚好相反,当其检验值未达到 0.05 显著性水平时,表示整体模型的适配度佳(吴明隆,2010)。通过表 7-2 和表 7-4 可知,本部分研究正负向框架下的整体模型的适配度非常理想。

7.1.6　结论

第一,生命领域的决策任务中,蒙古族青少年的直觉型、风险偏好、理智型对风险选择正向框架影响显著。

回归模型是

$$p = \frac{e^{-0.038 \times 理智型 + 0.073 \times 直觉型 - 0.557 \times 风险偏好 - 0.696}}{1 + e^{-0.038 \times 理智型 + 0.073 \times 直觉型 - 0.557 \times 风险偏好 - 0.696}}$$

第二,生命领域的决策任务中,蒙古族青少年的直觉型、风险偏好、年龄对风险选择负向框架影响显著。

回归模型是

$$p = \frac{e^{0.076 \times 直觉型 - 0.450 \times 年龄_{(2)} - 0.416 \times 年龄_{(4)} - 0.386 \times 年龄_{(1)} + 0.533 \times 风险偏好 - 0.732}}{1 + e^{0.076 \times 直觉型 - 0.450 \times 年龄_{(2)} - 0.416 \times 年龄_{(4)} - 0.386 \times 年龄_{(1)} + 0.533 \times 风偏好 - 0.732}}$$

第三,经检验,生命领域正负向框架下整体模型的适配度非常理想。

7.2 生活领域下个体特征对风险选择框架效应的作用模型

7.2.1 数据来源及预处理

同本章第 1 节。

7.2.2 变量选取

同本章第 1 节。

7.2.3 模型回归原理

同本章第 1 节。

7.2.4 模型回归结果

7.2.4.1 正向框架的回归结果

根据表 7-5,在步骤 1 中被选入回归模型的自变量为"风险偏好",步骤 2 中被选入回归模型的自变量为"依赖型",胜算比值分别为 1.181,0.810。由于风险偏好的胜算比值大于 1,表示变量测量值的分数越高,越有可能选择风险方案;依赖型的胜算比值小于 1,表示依赖型的得分越高,越有可能选择肯定方案。

表 7-5 个别参数显著性的检验表

		B	S. E.	Wald	df	p	Exp(B)	95.0% C. I. for Exp(B)	
								Lower	Upper
Step 1[a]	风险偏好	0.155	0.049	10.034	1	0.002	1.168	1.061	1.285
	Constan	−0.887	0.241	13.543	1	0.000	0.412		

续　表

		B	S. E.	Wald	df	p	Exp(B)	95.0% C. I. for Exp(B)	
								Lower	Upper
Step 2[b]	风险偏好	0.167	0.050	11.310	1	0.001	1.181	1.072	1.302
	依赖型	−0.211	0.075	7.987	1	0.005	0.810	0.700	0.937
	Constan	−0.191	0.343	0.308	1	0.000	0.827		

a. Variable(s) entered on step 1：风险偏好
b. Variable(s) entered on step 2：依赖型

从表 7-6 可以发现，回归模型的整体模型显著性检验的 $\chi^2 = 18.659$（$p =$ 0.000＜0.05），达到 0.05 显著水平；而 Hosmer-Lemeshow 检验值为 13.020 （$p = 0.111 ＞ 0.05$），未达显著水平，表示所建立的回归模型适配度良好，自变量可以有效预测因变量。

表 7-6　整体模型适配度检验

χ^2	Hosmer-Lemeshow 检验值
18.659***	13.020 n. s.

注：*、**、*** 分别表示在 0.05、0.005、0.001 水平上显著；n. s. 表示 $p ＞ 0.05$，不显著。

Logistic 回归模型为：

$$\log\left(\frac{p}{1-p}\right) = 0.167 \times 风险偏好 - 0.211 \times 依赖型 - 0.191$$

$$p = \frac{e^{0.167 \times 风险偏好 - 0.211 \times 依赖型 - 0.191}}{1 + e^{0.167 \times 风险偏好 - 0.211 \times 依赖型 - 0.191}}$$

如果预测值 p 的概率大于 0.5，则样本主体越有可能选择风险方案；如果预测值 p 的概率小于 0.5，则样本主体越有可能选择肯定方案。

7.2.4.2　负向框架的回归结果

在步骤 1 中被选入回归模型的自变量为"风险偏好"，胜算比值为 1.171。由于风险偏好的胜算比值大于 1，表示风险偏好得分越高，越有可能选择风险方案。

表 7-7 个别参数显著性的检验

		B	S.E.	Wald	df	p	Exp(B)	95.0% C.I. for EXP(B)	
								Lower	Upper
Step 1[a]	风险偏好	0.158	0.050	10.079	1	0.001	1.171	1.062	1.291
	Constan	−0.502	0.379	1.758	1	0.000	0.605		

a. Variable(s) entered on step 1:风险偏好

从表 7-8 可以发现,回归模型的整体模型显著性检验的 $\chi^2 = 10.431(p = 0.000 < 0.05)$,达到 0.05 显著水平;而 Hosmer-Lemeshow 检验值为 5.528 ($p = 0.237 > 0.05$),未达显著水平,表示所建立的回归模型适配度良好,自变量可以有效预测因变量。

表 7-8 整体模型适配度检验

χ^2	Hosmer-Lemeshow 检验值
10.431***	5.528 n.s.

注:*、**、*** 分别表示在 0.05、0.005、0.001 水平上显著;n.s. 表示 $p > 0.05$,不显著。

Logistic 回归模型为

$$\log\left(\frac{p}{1-p}\right) = 0.158 \times 风险偏好 - 0.502$$

$$p = \frac{e^{0.158 \times 风险偏好 - 0.502}}{1 + e^{0.158 \times 风险偏好 - 0.502}}$$

如果预测值 p 的概率大于 0.5,则样本主体越有可能选择风险方案;如果预测值 p 的概率小于 0.5,则样本主体越有可能选择肯定方案。

7.2.5 讨论

第一,在生活领域的正向框架下,影响蒙古族青少年风险选择框架效应的主要个体因素是风险偏好和依赖型。

经 Logistic 回归结果分析可知,在生活领域的正向框架下,影响蒙古族青少年风险选择框架效应的主要个体因素有风险偏好,决策类型主要是依赖型。风险偏好对风险选择框架效应的影响主要体现为:风险偏好得分越高,在生活领域的正向框架下越有可能选择风险方案,也就是受框架效应的影响可能越小,高风险偏好者也易受个体对风险的偏好强度的影响,而不易受框架效应的影响,低风险偏好者可能更易受框架效应的影响。决策类型中的依赖型被试在生活领域的正向框架下不选择风险方案的可能性较大,得分越高越有可能选择肯定方案。这一点在表 6-2 中已有体现,高风险偏好者选择风险方案的是 345 人,肯定方案的人数是 342 人,虽然在统计学上差异不显著 ($\chi^2 = 0.013$),但也可以看出选择风险方案的人数较多。从表 6-14 中可知,在正向框架下,依赖型被试在生活领域里选择肯定方案的人数是 96 人,选择风险方案的人数是 86 人($\chi^2 = 0.549$),虽然在统计学角度上不显著,但还是能反映出被试选择肯定方案的人数较多。其回归模型说明,如果预测值 p 的概率大于 0.5,那么样本被归于风险方案组,则样本主体越有可能选择风险方案;如果预测值 p 的概率小于 0.5,那么样本被归于肯定方案组,则样本主体越有可能选择肯定方案。也就是说,在生活领域的正向框架下,如果预测值 p 的概率大于 0.5,蒙古族青少年越不易受框架效应的影响,如果预测值 p 的概率小于 0.5,蒙古族青少年越易受到框架效应的影响。

第二,在生活领域负向框架下,影响蒙古族青少年风险选择框架效应的主要个体因素是风险偏好。

在生活领域的负向框架下,Logistic 回归分析中只有风险偏好进入回归方程中,说明风险偏好对蒙古族青少年风险选择负向框架效应的作用最显著。蒙古族青少年在生活领域负向框架下的风险偏好的胜算比值为 1.171>1,表明被试的风险偏好指数越高,被试越倾向于选择风险方案。表 6-2 的结果也证明了这一点,在生活领域负向框架下,风险偏好水平高的被试选择风险方案的人数是 453 人,选择肯定方案的人数是 234 人,差异显著($\chi^2 = 69.812, p < 0.001$),选择风险方案的人数显著高于选择肯定方案的人数。

第三,整体模型检验非常理想。

在 Logistic 回归分析中,最理想的回归模型是 χ^2 检验值统计量达到显著而 Hosmer-Lemeshow 检验法(统计量简称为 HL)刚好相反,当其检验值未达到 0.05 显著水平时,表示整体模型的适配度佳(吴明隆,2010)。通过表 7-6 和表 7-8 可知,本部分研究正负向框架下的整体模型的适配度非常理想。

7.2.6　结论

第一,生活领域的决策任务中,蒙古族青少年的风险偏好、依赖型对风险选择正向框架影响显著。

回归模型是:

$$p = \frac{e^{0.167 \times 风险偏好 - 0.211 \times 依赖型 - 0.191}}{1 + e^{0.167 \times 风险偏好 - 0.211 \times 依赖型 - 0.191}}$$

第二,生活领域的决策任务中,蒙古族青少年的风险偏好对风险选择负向框架影响显著。

回归模型是:

$$p = \frac{e^{0.158 \times 风险偏好 - 0.502}}{1 + e^{0.158 \times 风险偏好 - 0.502}}$$

第三,经检验,生活领域正负向框架下整体模型的适配度非常理想。

7.3　娱乐领域下个体特征对风险选择框架效应的作用模型

7.3.1　数据来源及预处理

同本章第 1 节。

7.3.2　变量选取

同本章第 1 节。

7.3.3　模型回归原理

同本章第 1 节。

7.3.4　模型回归结果

7.3.4.1　正向框架的回归结果

根据表 7-9，在步骤 1 中被选入回归模型的自变量为"风险偏好"，步骤 2 中被选入回归模型的自变量为"依赖型"，步骤 3 中被选入回归模型的自变量为"直觉型"，胜算比值分别为 1.914、0.954、1.039。由于直觉型和风险偏好的胜算比值大于 1，表示变量测量值的分数越高，越有可能选择风险方案；依赖型的胜算比值小于 1，表示依赖型的得分越高，越有可能选择肯定方案。

表 7-9　个别参数显著性的检验

		B	S. E.	Wald	df	p	Exp(B)	95.0% C. I. for Exp(B)	
								Lower	Upper
Step 1[a]	风险偏好	0.649	0.179	13.065	1	0.000	1.913	1.346	2.719
	Constant	0.530	0.098	29.177	1	0.000	0.588		

续 表

		B	S. E.	Wald	df	p	Exp(B)	95.0% C. I. for Exp(B)	
								Lower	Upper
Step 2[b]	依赖型	−0.036	0.016	5.145	1	0.023	0.965	0.936	0.995
	风险偏好	0.643	0.180	12.784	1	0.000	1.902	1.337	2.705
	Constant	0.044	0.271	0.026	1	0.000	1.045		
Step 3[c]	直觉型	0.038	0.018	4.403	1	0.036	1.039	1.003	1.076
	依赖型	−0.047	0.017	7.903	1	0.005	0.954	0.923	0.986
	风险偏好	0.649	0.180	13.000	1	0.000	1.914	1.345	2.724
	Constant	−0.382	0.338	1.276	1	0.000	0.682		

a. Variable(s) entered on step 1：风险偏好
b. Variable(s) entered on step 2：依赖型
c. Variable(s) entered on step 3：直觉型

从表 7-10 可以发现，回归模型的整体模型显著性检验的 $\chi^2 = 22.818$（$p=0.000 < 0.05$），达到 0.05 显著性水平；而 Hosmer-Lemeshow 检验值为 11.062（$p=0.198 > 0.05$），未达到显著性水平，表示所建立的回归模型适配度良好，自变量可以有效预测因变量。

表 7-10 整体模型适配度检验

χ^2	Hosmer-Lemeshow 检验值
22.818***	11.062 n.s.

注：*、**、*** 分别表示在 0.05、0.005、0.001 水平上显著；n.s. 表示 $p > 0.05$，不显著。

Logistic 回归模型为

$$\log\left(\frac{p}{1-p}\right) = 0.038 \times 直觉型 - 0.047 \times 依赖型 + 0.649 \times 风险偏好 - 0.382$$

$$p = \frac{e^{0.038 \times 直觉型 - 0.047 \times 依赖型 + 0.649 \times 风险偏好 - 0.382}}{1 + e^{0.038 \times 直觉型 - 0.047 \times 依赖型 + 0.649 \times 风险偏好 - 0.382}}$$

如果预测值 p 的概率大于 0.5，则样本主体越有可能选择风险方案；如果预测值 p 的概率小于 0.5，则样本主体越有可能选择肯定方案。

7.3.4.2 负向框架的回归结果

根据表 7-11,在步骤 1 中被选入回归模型的自变量为"风险偏好",步骤 2 中被选入回归模型的自变量为"直觉型",步骤 3 中被选入回归模型的自变量为"依赖型",步骤 4 中被选入回归模型的自变量为"年龄",步骤 5 中被选入回归模型的自变量为"性别",胜算比值分别为 1.514、1.066、0.959、0.354、0.431、0.614、1.841。由于风险偏好、直觉型的胜算比值大于 1,表示变量测量值的分数越高,越有可能选择风险方案;依赖型的胜算比值小于 1,表示依赖型的得分越高,越不易选择风险方案;年龄的胜算比值小于 1,表示年龄小于 17 岁组的 9 岁组、11 岁组和 13 岁组被试,年龄越大,越有可能不选择风险方案,性别的胜算比值大于 1,表示男生比女生更倾向于选择风险方案。15 岁组虽然在回归方程中,但由于 $p = 0.077$ 差异不显著,所以不列入回归模型中。

表 7-11 个别参数显著性的检验

		B	S. E.	Wald	df	p	Exp(B)	95.0% C. I. for Exp(B)	
								Lower	Upper
Step 1[a]	风险偏好	0.477	0.177	7.281	1	0.007	1.611	1.139	2.277
	Constant	−0.059	0.095	0.377	1	0.000	0.943		
Step 2[b]	直觉型	0.046	0.017	7.305	1	0.007	1.047	1.013	1.083
	风险偏好	0.488	0.177	7.590	1	0.006	1.630	1.151	2.307
	Constant	−0.794	0.288	7.575	1	0.005	0.452		
Step 3[c]	直觉型	0.068	0.019	12.455	1	0.000	1.071	1.031	1.112
	风险偏好	0.484	0.178	7.421	1	0.006	1.622	1.145	2.298
	依赖型	−0.047	0.019	6.150	1	0.013	0.954	0.920	0.990
	Constant	−0.531	0.307	2.995	1	0.000	0.588		

续 表

		B	S.E.	Wald	df	p	Exp(B)	95.0% C.I. for Exp(B)	
								Lower	Upper
Step 4[d]	年龄			9.776	4	0.044			
	年龄(1)	−0.493	0.169	8.504	1	0.004	0.611	0.438	0.851
	年龄(2)	−0.377	0.165	5.254	1	0.022	0.686	0.497	0.947
	年龄(3)	−0.228	0.165	1.899	1	0.168	0.796	0.576	1.101
	年龄(4)	−0.248	0.173	2.040	1	0.153	0.781	0.556	1.097
	直觉型	0.063	0.020	10.351	1	0.001	1.065	1.025	1.106
	风险偏好	0.459	0.179	6.545	1	0.011	1.582	1.113	2.248
	依赖型	−0.043	0.019	5.083	1	0.024	0.958	0.923	0.994
	Constant	−0.227	0.329	0.474	1	0.000	0.797		
Step 5[e]	年龄			24.127	4	0.000			
	年龄(1)	−1.039	0.221	22.173	1	0.000	0.354	0.230	0.545
	年龄(2)	−0.842	0.205	16.865	1	0.000	0.431	0.288	0.644
	年龄(3)	−0.487	0.179	7.384	1	0.007	0.614	0.432	0.873
	年龄(4)	−0.310	0.175	3.136	1	0.077	0.733	0.520	1.034
	性别(1)	0.610	0.157	15.179	1	0.000	1.841	1.354	2.502
	直觉型	0.064	0.020	10.784	1	0.001	1.066	1.026	1.108
	风险偏好	0.415	0.180	5.284	1	0.022	1.514	1.063	2.156
	依赖型	−0.042	0.019	4.850	1	0.028	0.959	0.924	0.995
	Constant	−0.286	0.331	0.745	1	0.000	0.751		

a. Variable(s) entered on step 1：风险偏好
b. Variable(s) entered on step 2：直觉型
c. Variable(s) entered on step 3：依赖型
d. Variable(s) entered on step 4：年龄
e. Variable(s) entered on step 5：性别

从表 7-12 可以发现，回归模型的整体模型显著性检验的 $\chi^2 = 44.060$（$p = 0.000 < 0.05$），达到 0.05 显著性水平；而 Hosmer-Lemeshow 检验值为 11.381（$p = 0.181 > 0.05$）未达到显著性水平，表示所建立的回归模型适配度良好,自变量可以有效预测因变量。

表 7-12 整体模型适配度检验

χ^2	Hosmer-Lemeshow 检验值
44.060***	11.381 n. s.

注:*、**、*** 分别表示在 0.05、0.005、0.001 水平上显著;n. s. 表示 $p>0.05$,不显著。

Logistic 回归模型为

$$\log\left(\frac{p}{1-p}\right) = 0.064 \times 直觉型 + 0.415 \times 风险偏好 - 0.042 \times 依赖型 -$$

$$0.487 \times 年龄_{(3)} - 0.842 \times 年龄_{(2)} - 1.309 \times 年龄_{(1)} + 0.610 \times 性别 - 0.286$$

$$p = \frac{e^{0.064 \times 直觉型 + 0.415 \times 风险偏好 - 0.042 \times 依赖型 - 0.487 \times 年龄_{(3)} - 0.842 \times 年龄_{(2)} - 1.309 \times 年龄_{(1)} + 0.610 \times 性别 - 0.286}}{1 + e^{0.064 \times 直觉型 + 0.415 \times 风险偏好 - 0.042 \times 依赖型 - 0.487 \times 年龄_{(3)} - 0.842 \times 年龄_{(2)} - 1.309 \times 年龄_{(1)} + 0.610 \times 性别 - 0.286}}$$

如果预测值 p 的概率大于 0.5,则样本主体越有可能选择风险方案;如果预测值 p 的概率小于 0.5,则样本主体越有可能选择肯定方案。

7.3.5 讨论

第一,在娱乐领域的正向框架下,影响蒙古族青少年风险选择框架效应的主要个体因素是风险偏好、依赖型和直觉型。

经 Logistic 回归结果分析可知,在娱乐领域的正向框架下,影响蒙古族青少年风险选择框架效应的主要个体特征有风险偏好,决策类型主要是依赖型和直觉型。风险偏好的胜算比值是 1.914>1,表明风险偏好对风险选择框架效应的影响主要体现为:风险偏好得分越高,在娱乐领域的正向框架下越有可能选择风险方案。表 6-3 的结果也证明了这一点,在娱乐领域的正向框架下,高风险偏好者选择风险方案的有 386 人,肯定方案的有 300 人,差异显著 ($\chi^2=10.781$, $p<0.001$);低风险偏好者选择肯定方案的人数是 482 人,选择风险方案的人数是 231 人($\chi^2=88.360$, $p<0.001$)。表 7-9 说明,决策类型中依赖型和直觉型影响显著,胜算比值分别为 0.954<1,1.039>1,表示依赖型被试的得分越高,越不可能选择风险方案,而直觉型被试的得分越高,越倾向于选择风险方案。通过表 6-15 的结果可知,依赖型被试在娱乐领域正向框架下选择肯定方案的人数也明显多于选择风险方案的人数,选择肯定方案的人数是 110 人,选择风险方案的人数是 72 人,差异显著($\chi^2 = 7.934$,$p < 0.05$),但是直觉型被试的选择结果是选择风险方案的人数是 84 人,选择肯定方案的人数是 102 人,这可能主要有两种原因:①直觉型决策风格的被试总体数量相对于理智型少,可能会影响到决策结果;②直觉型被试有可能同时在风险偏好上的得分也偏高,个体可能受到风险偏好的影响较大,所以在决策时倾向于选择风险方案。其回归模型说明,如果预测值 p 的概率大于 0.5,那么样本被归于风险方案组,则样本主体越有可能选择风险方案;如果预测值 p 的概率小于 0.5,那么样本被归于肯定方案组,则样本主体越有可能选择肯定方案,也就是说,在娱乐领域的正向框架下,如果预测值 p 的概率大于 0.5,蒙古族青少年越不易受框架效应的影响,如果预测值 p 的概率小于 0.5,蒙古族青少年越易受到框架效应的影响。

第二,在娱乐领域的负向框架下,影响蒙古族青少年风险选择框架效应的主要个体因素是风险偏好、直觉型、依赖型、年龄和性别。

经 Logistic 回归分析结果分析可知,在娱乐领域的负向框架下,影响蒙古族青少年风险选择框架效应的主要个体特征有风险偏好、直觉型、依赖型、年龄和性别。蒙古族青少年在娱乐领域负向框架下的风险偏好的胜算比值为 1.514>1,与娱乐领域正向框架下的作用关系是一致的,表示被试的风险偏好指数越高,被试越倾向于选择风险方案。表 6-3 中的结果也说明了这一点,在娱乐领域负向框架下,风险偏好水平高的被试选择风险方案的人数是 443 人,选择肯定方案的人数是 244 人,差异显著($\chi^2 = 57.643$,$p < 0.001$),可见大部分被试倾向于选择风险方案;而风险偏好水平低的被试选择肯定方案的有 402 人,选择风险方案的有 311 人,差异显著($\chi^2 = 11.614$,$p < 0.001$),可见大部分被试倾向于选择肯定方案。决策风格中的直觉型胜算比值是 1.066>1,表示在娱乐领域的负向框架下,直觉型被试倾向于选择风险方案;依赖型的胜算比是 0.959<1,表示在娱乐领域的负向框架下依赖型被试倾向于不选择风险方案。根据表 6-15 中的结果可知,直觉型的被试在娱乐领域负向框架下选择肯定方案的人数是 81 人,选择风险方案的人数是 105 人($\chi^2 = 3.097$);

依赖型的被试在娱乐领域负向框架下选择肯定方案的人数是 93 人,选择风险方案的人数是 89 人($\chi^2=0.088$)虽然统计学上差异不显著,但直觉型被试趋于选择风险方案,依赖型被试趋于选择肯定方案。年龄的胜算比值分别是 0.354,0.431,0.614,都小于 1,表示年龄小于 17 岁组的 9 岁组、11 岁组和 13 岁组被试,年龄越小越有可能不选择风险方案。相对于 17 岁组,从低年龄组到 17 岁组选择风险方案的比例可能会越来越大。表 5-7 也说明了这一点,9 岁组风险方案的选择人数是 34 人(28%),11 岁组风险方案的选择人数是 54 人(45%),13 岁组风险方案的选择人数是 72 人(66%),15 岁组风险方案的选择人数是 79 人(65%),17 岁组风险方案的选择人数是 89 人(74%)。15 岁组在模型回归中因为 $p=0.077$ 影响不显著而没有回归入模型中。性别的胜算比值是 1.841>1,表示男生比女生更倾向于选择风险方案。这与蒙古族男性的社会地位和性别意识有一定关系,蒙古族传统教育中对男性的教育一直是崇尚勇敢刚毅,有责任感和承担精神,承担着整个家庭生存的重任和一切对外交往,这些传统意识和教育促使男性必须承担风险责任。

第三,整体模型检验非常理想。

在 Logistic 回归分析中,最理想的回归模型是 χ^2 检验值统计量达到显著而 Hosmer-Lemeshow 检验法(统计量简称为 HL)刚好相反,当其检验值未达到 0.05 显著性水平时,表示整体模型的适配度佳(吴明隆,2010)。通过表 7-10 和表 7-12 可知,本部分研究正负向框架下整体模型的适配度非常理想。

7.3.6 结论

第一,娱乐领域的决策任务中,蒙古族青少年的风险偏好、依赖型和直觉型对风险选择正向框架影响显著。

回归模型是

$$p = \frac{e^{0.038\times直觉型-0.047\times依赖型+0.649\times风险偏好-0.382}}{1+e^{0.038\times直觉型-0.047\times依赖型+0.649\times风险偏好-0.382}}$$

第二,娱乐领域的决策任务中,蒙古族青少年的风险偏好、直觉型、依赖型、年龄和性别对风险选择负向框架影响显著。

回归模型是

$$p = \frac{e^{0.064 \times 直觉型 + 0.415 \times 风险偏好 - 0.042 \times 依赖型 - 0.487 \times 年龄_{(3)} - 0.842 \times 年龄_{(2)} - 1.309 \times 年龄_{(1)} + 0.610 \times 性别 - 0.286}}{1 + e^{0.064 \times 直觉型 + 0.415 \times 风险偏好 - 0.042 \times 依赖型 - 0.487 \times 年龄_{(3)} - 0.842 \times 年龄_{(2)} - 1.309 \times 年龄_{(1)} + 0.610 \times 性别 - 0.286}}$$

第三,娱乐领域正负向框架下整体模型的适配度非常理想。

讨论总结

8 总 讨 论

本书的研究主要以预期理论为理论基础,严格依照框架效应的经典研究范式,选取符合民族特色的实验材料编制成蒙古文问卷,先验证蒙古族青少年中是否存在风险选择框架效应,再运用横断研究法分析蒙古族青少年框架效应的年龄发展特征,然后从影响因素的角度主要分析了蒙古族青少年的个体特征包括风险偏好、认知需要和决策风格与框架效应的关系,在此基础上又分别构建了不同领域不同框架下的作用模型。

全书共包含 3 项研究,6 项子研究,研究 1 设置了生命、生活和娱乐 3 个决策领域,进行了蒙古族青少年风险选择框架效应的验证性研究,考察了蒙古族青少年风险选择框架效应的年龄发展特征,即第 5 章的内容。研究 2 主要探讨了个体特征与蒙古族青少年风险选择框架效应的关系,分析了主要个体特征对蒙古族青少年的主要影响,包括可能存在的年龄和性别差异,即第 6 章的内容:子研究 1 考察了风险偏好与风险选择框架效应的关系;子研究 2 考察了认知需要与风险选择框架效应的关系;子研究 3 考察了决策风格与风险选择框架效应的关系。研究 3 主要探讨了在生命、生活和娱乐 3 个领域里,主要个体特征对风险选择框架效应的作用模型,即第 7 章的内容。

本书的主要研究目的是考察个体特征对蒙古族青少年风险选择框架效应的影响,以期为文化对决策的影响提供更多的证据,为民族心理学的发展提供一定的支持与借鉴。

8.1　研究的收获

在研究过程中,笔者收获了以下心得。

第一,编制和修订后的蒙古文版测量工具均具有测量学意义。

笔者根据本书研究需要编制的蒙古族青少年风险选择框架效应问卷包括正向框架情境问卷和负向框架情境问卷,每种框架下设置了 3 项决策任务,包括生命领域情境、生活领域情境和娱乐领域情境,依据被试的选择结果确定其风险回避或风险寻求。对个体特征量表包括风险偏好量表、认知需要量表和决策风格量表进行了蒙古文版修订,修订后进行了信效度检验。经检验,本书所使用的测量工具均具有良好的测量学特征,可以作为测查蒙古族青少年风险选择框架效应和个体特征的有效工具。

第二,蒙古族青少年风险选择框架效应的年龄发展特征。

框架效应表明了一个决策问题的表述是如何影响人们对这个问题的看法以至影响到他们的决策的。风险选择框架效应是框架效应中最为典型的一类,但是对于不同决策领域的框架效应是存在不同结论的,本书也设置了生命、生活和娱乐 3 个决策领域,运用描述性研究方法发现蒙古族青少年在各领域都存在框架效应,又从发展的角度采用横断研究的方法考察了不同年龄个体的风险选择框架效应的发展特征,发现青少年总体框架效应的发展趋势是年龄越小越趋向于风险规避,年龄越大冒险行为越来越多,9 岁组出现了单向风险规避框架效应,11 岁组出现了经典框架效应,13 岁组的框架效应开始不明显,15 岁组框架效应不稳定,17 岁组出现了单向风险寻求框架效应。

第三,个体特征对蒙古族青少年风险选择框架效应的影响因领域而不同。

Fischhoff(2008)研究认为,决策能力对青少年风险行为有影响,所以必须分析影响决策能力的各种因素,包括个体特征差异和认知、情感等各因素。决策作为一种高级认知活动,个体特征必定会影响框架效应(Stanovich,West,1998)。本书通过考察不同风险偏好、认知需要和决策风格下的风险选择结果,说明高风险偏好的蒙古族青少年在生命、生活和娱乐领域里,在正向和负向框架下都是趋于寻求风险,出现了单向风险寻求框架效应;低风险偏好者都趋于规避风险,风险偏好对风险选择框架效应的影响显著。不同认知需要的蒙古族青少年虽然在不同领域表现出不同的风险选择框架效应,但认知需要对风险选择框架效应的影响不是很显著。这一结论和以往的研究(Simon,Fagley,Halleran,2004)有很大不同,这可能和实验设计有关。早期研究在采用被试间设计时,"认知需要"得分高的参与者身上的框架效应将被削减(Smith,Levin,1996)。Leboeuf和Shafir(2003)发现对于更为深思熟虑的参与者来说,在接受每个问题的两种版本的被试内设计中,会表现出更大的一致性。当存在无用的线索时,深思熟虑并不会发挥优势,于是被试间设计中,深思熟虑与绩效无关。本书得出不同结论也可能有以下原因:蒙古族青少年的认知需要发展有其独特的年龄特点;风险偏好主效应更强,认知需要和其他变量共同影响框架效应;区域文化的影响。这也更说明认知需要和框架效应之间的关系还有待进行跨文化的研究。蒙古族青少年的决策风格类型集中在理智型、直觉型和依赖型三者上,三者所占比例共计83.93%,所以本书主要考察了这三种决策风格与框架效应的关系,发现决策风格类型不同对不同决策领域的框架效应的影响也不同,而且不同的决策领域,对框架效应起显著作用的决策风格类型也不同,这说明决策风格类型与决策领域共同影响框架效应。这部分研究也说明决策领域对框架效应影响很大,影响框架效应的个体特征会因领域的不同而不同,在研究中必须进行分别研究才能更清晰地表明对框架效应起显著作用的个体特征。

第四,个体特征对蒙古族青少年风险选择框架效应的影响具有文化差异性。

文化是一个非常重要的主题(Eisenberg,2006)。本书选择的是特定的文化群体而不是跨文化研究,但通过与以往其他文化背景青少年框架效应的已有研究的对比分析,发现蒙古族青少年框架效应与其他文化背景下框架效应存在一致性,比如关于青少年框架效应的年龄特点与以往研究一致(Mikels,Reed,2009),还有关于决策风格中的理智型被试选择风险方案的可能性低,而直觉型被试选择风险方案的可能性高,依赖型被试趋于选择肯定方案的结论也与其他文化背景下的框架效应研究一致(Shiloh,Salton,Sharabi,2002),

框架效应与决策风格和情绪状态存在交互作用（Simon，Fagley，Halleran，2004）。但在影响框架效应的个体特征方面表现出文化的特定性，风险偏好对蒙古族青少年框架效应的影响非常显著，而且在三个决策领域体现出一致性，这与中国人传统的"中庸""谨慎"的刻板形象（黄光国，1995）大相径庭，说明蒙古族青少年追求风险的民族特征在风险选择中得以体现。虽然描述性决策结果发现认知需要不同的蒙古族青少年的框架效应存在差异性，但建构作用模型时认知需要变量并没有纳入方程中，这与其他文化背景下的相关研究不同。而认知需要对框架效应的影响不显著，虽然从描述性决策结果的卡方检验中可以发现不同认知需要的蒙古族青少年的框架效应是存在差异的，但 Logistic 回归模型建构中认知需要变量并没有纳入方程中，这与以往研究不同（Chatterjee，Heath，Milberg et al.，2000；Shiloh，Salton，Sharabi，2002；Simon，Fagley，Halleran，2004）。另外，性别对框架效应的影响也出现了文化特性，本书发现男性比女性更趋于选择风险方案。这与蒙古族男性的社会地位和性别意识有一定关系，蒙古族传统教育中对男性的教育一直是崇尚勇敢刚毅，有责任感和承担精神，承担着整个家庭生存的重任和一切对外交往，这些传统意识和教育促使男性必须承担风险责任。

第五，个体特征对风险选择框架效应具有预测作用。

本书通过研究已经证明风险选择框架效应在各决策领域之间差异显著，在正向和负向框架下差异显著，风险偏好、认知需要和决策风格影响框架效应，而且影响的效果各不相同，因此建构风险选择框架效应与个体特征的关系模型时需要分别建立生命、生活和娱乐三个领域，正向和负向两个水平下的模型。本书第 7 章的研究结论也表明，风险偏好对三个决策领域正负向框架下的决策结果都具有显著的预测作用，风险偏好可能是蒙古族青少年最突出的个体特征，这与中国人传统的"中庸""谨慎"的刻板形象（黄光国，1995）大相径庭，说明蒙古族青少年追求风险的民族特征在风险选择中得以体现，更喜欢富有刺激的、冒险的或者具有挑战性的决策行为；生命领域里对框架效应最有预测性的是决策风格中的直觉型，无论是在正向框架下还是在负向框架下，直觉型个体都更倾向于选择风险方案；生活领域里最有预测性的是风险偏好;娱乐领域里最有预测性的是决策风格中的直觉型和依赖型,直觉型个体越有可能选择风险方案,依赖型个体越不可能选择风险方案。年龄对负向框架包括生命负向和娱乐负向起主要的预测作用,而性别主要对娱乐负向框架起主要预测作用。所以通过模型的建构,表明两种框架效应方式即正向和负向下的具有预测作用的个体特征因素是不一样的,而且在不同领域里具有预测作用的个体特征因素也是不一样的,这在研究中必须分别归类讨论,因此也说明不同决策领域的行为结果分析不能一概而论。

8.2 研究的创新之处

8.2.1 研究设计方面

第一,在研究问题和研究对象上,本书选取 9~18 岁的蒙古族青少年为被试,在民族区域文化背景下选取实验材料,考察了蒙古族青少年风险选择框架效应及其与个体特征之间的关系。已有的研究多为针对大学生、高中生的研究,对青少年时期的研究并不多,对少数民族青少年进行分层研究就更少见了。

第二,本书先采用经典的案例分析法验证蒙古族青少年中的风险选择框架效应,运用横断研究法分析蒙古族青少年框架效应的年龄发展特征,然后考察了蒙古族青少年主要个体特征对框架效应的影响,分析了个体特征与蒙古族青少年风险选择框架效应的关系后,又运用恰当的 Logistic 回归分析法构建了不同领域不同框架下的 6 个决策模型,从量化角度为实践应用提供了一定的参考工具,在一定程度上弥补了框架效应在民族区域文化研究中的不足。

8.2.2 研究工具方面

本书研究编制了蒙古文版风险选择框架效应问卷,确定典型的风险选择事件,编制了具有蒙古族文化特征的风险情景问题,发展了决策研究的现实内容和生态效度。修订了风险偏好、认知需要和决策风格的蒙古文版量表并进行了信效度检验,保证其具有了一定的测量学特征,为相关测量工具的跨文化性研究和民族心理研究提供了一定的支持。

8.2.3 研究思路方面

本书为青少年的决策研究提供了一种新的思路。个体特征对蒙古族青少年框架效应的影响具有特定的领域性和文化性,而且个体特征对正向框架和负向框架的影响既有一致性更有差异性,所以研究个体特征与框架效应的关系和作用时应分别构建预测模型。

8.3 研究的不足与未来展望

本书对民族区域文化背景下的风险选择框架效应进行了一定的探索性研究,取得了一定的有意义的研究成果,但仍存在一些不足:

第一,本书主要进行了风险选择框架效应的研究,对另外两类框架效应即属性框架效应和目标框架效应的研究并没有涉及,个体特征方面也只选取了风险偏好、认知需要和决策风格三个方面,从个体特征的角度系统分析框架效应的影响机制来看仍是一个不足。在以后的研究中需要进一步关注青少年其他类型框架效应的发展特征以及人格、情绪等其他影响因素,以便进一步系统地研究框架效应的影响因素及其作用机制。

第二,本书只针对蒙古族青少年群体进行了框架效应研究,没有进行与其他民族群体的跨文化对比性研究,关于研究结果和结论只能与以往研究进行对比分析;在以后的研究中应该选择相同的风险选择框架效应情境,开展不同文化背景下的跨文化研究,扩大框架效应研究的应用性。

第三,在探讨蒙古族青少年风险选择框架效应的发展特征时,本书采用的是横断研究的方法。在今后的研究中,在其他条件允许的情况,应结合纵向的研究方法,即对同一批被试进行追踪研究,对蒙古族青少年框架效应的发展做出更深入的研究。

第四,在实验材料的使用上,决策领域的背景信息主要采用的是文字式呈现方式,这一语言表达方式对决策的影响和决策内容对决策结果的影响有混淆之嫌,尤其是蒙古文和汉文的语言特点和文字顺序略有不同,可能对决策结果有所干扰,所以在今后的研究中可以尝试着进行言语框架效应和图形框架效应的对比研究。

第五,本书只针对蒙古族青少年的框架效应做了系列的影响因素研究,虽然获得了一些有一定意义和价值的结论,但缺乏其他神经科学技术手段的支撑,缺乏认知神经方面的科学依据。在未来的研究中应拓宽研究视野,进一步探讨蒙古族青少年框架效应的神经机制。

9 总结论

本书验证了蒙古族青少年存在风险选择框架效应,并采用横断研究的方法进行了蒙古族青少年风险选择框架效应的发展研究,分析了年龄、性别、风险偏好、认知需要和决策风格等个体特征与风险选择框架效应的关系,并在此基础上探讨了个体特征对风险选择框架效应的作用模型,得到以下结论:

第一,蒙古族青少年存在风险选择框架效应,且框架效应具有一定的跨文化一致性。

第二,风险选择框架效应在整个蒙古族青少年时期是发展变化的。

蒙古族青少年框架效应的发展规律是年龄越小越趋向于规避风险,年龄越大越趋向于寻求风险。这与青少年的决策发展特征相一致,对于低龄青少年来说,成人通常会对其所做的决策进行限制,当独立做决策时就会更保守些;而稍大些的青少年在进行日常决策时因其思维常常缺乏理性而诉诸习惯或行为冲动,做决策时更喜欢冒险。

第三,个体特征对蒙古族青少年风险选择框架效应的影响具有领域性和文化特定性。

领域性体现为影响框架效应的个体特征因决策领域不同而不同;文化特定性体现为风险偏好对蒙古族青少年框架效应的影响非常显著,这与中国人传统的"中庸""谨慎"的刻板形象大相径庭,说明蒙古族青少年追求风险的民族特征在风险选择中得以体现。虽然描述性决策结果发现认知需要不同的蒙古族青少年的框架效应存在差异性,但建构作用模型时认知需要变量并没有纳入方程中,这与其他文化背景下的相关研究不同。

　　第四,通过分析蒙古族青少年典型的个体特征可以了解其风险选择框架效应取向。

　　风险偏好对三个决策领域正负向框架下的决策结果都具有显著的预测作用,风险偏好可能是影响蒙古族青少年风险选择的最有代表性的个体特征。

　　第五,风险选择的行为结果分析不能一概而论。

　　通过模型建构,表明领域不同,具有预测作用的个体特征不同;框架不同,具有预测作用的个体特征也明显不同。这表明风险选择研究必须依据领域和框架的不同分别归类分析。

参考文献

【中文文献】

[1] Hastie,Dawes,2013.不确定世界的理性选择［M］.谢晓非,李纾,等译.北京:中国人民大学出版社.

[2] Kahneman,Slovic,Tversky,2013.不确定状况下的判断启发式和偏差［M］.方文,吴新利,张擘,等译.北京:中国人民大学出版社.

[3] Plous,2004.决策与判断［M］.施俊琦,王星,译.北京:人民邮电出版社.

[4] Russo J E,1998.决策行为分析［M］.安宝生,徐联仓,译.北京:北京师范大学出版社.

[5] Tversky,1989.判断和选择中的认知错觉［J］.宋怀时,译.心理学动态(1):35-40.

[6] 贝克,2008.婴儿、儿童和青少年［M］.桑标,等译.上海:上海人民出版社.

[7] 波果斯洛夫斯基,科瓦列夫,斯捷潘诺夫,等,1982.普通心理学［M］.魏庆安,等译.人民教育出版社.

[8] 陈诚,刘丽红,薛扬文,等,2013.大学生的决策风格及其与外倾性、神经质的关系研究［J］.潍坊工程职业学院学报(6):61-64.

[9] 陈世平,张艳,2009.风险偏好与框架效应对大学生职业决策的影响［J］.心理与行为研究(7):183-187.

[10] 陈烨,2011.蒙古族文化的生态学思考［J］.内蒙古社会科学(汉文版),(22)5:34-37.

[11] 陈中永,2011.现代心理学［M］.北京:中央民族大学出版社.

[12] 戴海琦,张峰,陈雪枫,1999.心理与教育测量［M］.广州:暨南大学出版社:93-95.

[13] 戴忠恒,1987.心理教育测量［M］.上海:华东师范大学出版社:382-414.

[14] 董俊花,2006.风险选择影响因素及其模型建构［D］.兰州:西北师范大学.

[15] 杜秀芳,王颖霞,赵树强,2010.框架效应研究30年的变迁［J］.济南大学学报(社会科学版)(3):71-74.

[16] 段锦云,2008.基于认知惰性的创业风险选择框架效应双维认知机制研究[D].杭州:浙江大学.

[17] 段锦云,曹忠良,娄玮瑜,2008.框架效应及其认知机制的研究进展[J].应用心理学(4):7.

[18] 费尔德曼,2020.发展心理学:探索人生发展的轨迹[M].苏彦捷等译.北京:机械工业出版社.

[19] 高玉祥,1989.个性心理学[M].北京:北京师范大学出版社.

[20] 何贵兵,1996.决策任务特征对风险态度的影响[J].人类工效学(2):12-16.

[21] 何贵兵,梁社红,刘剑,2002.风险偏好预测中的性别差异和框架效应[J].应用心理学(4):19-23.

[22] 何宁,谷渊博,2014.任务框架、损益值大小对自恋者风险偏好的影响[J].心理科学(1):161-165.

[23] 胡琰,2007.情绪影响决策行为的实验研究[D].长沙:湖南师范大学.

[24] 黄光国,1995.儒家价值观的现代转化:理论分析与实证研究[M]//乔健,潘乃谷.中国人的观念与行为.天津:天津人民出版社.

[25] 黄苏英,2013.情绪调节对青少年风险选择中框架效应的影响[D].杭州:浙江理工大学.

[26] 黄玮,余嘉元,2008.高三学生在正、负框架下风险偏好的研究[J].江苏教育学院学报(社会科学版)(1):32-35.

[27] 黄玮,余嘉元,2008.框架效应对决策的影响研究综述[J].江苏技术师范学院学报(2):92-98.

[28] 黄希庭,1991.心理学导论[M].北京:人民教育出版社.

[29] 李劲松,王重鸣,1998.风险偏好类型与风险判断模式的实验分析[J].人类工效学(3):17-21.

[30] 李胜明,李昊,赵晓玲,2009.框架效应下优秀运动员风险选择偏好研究[J].成都体育学院学报(3):32-35.

[31] 李纾,2001.艾勒悖论(Allais Paradox)另释[J].心理学报(2):176-181.

［32］李纾,2006.发展中的行为决策研究[J].心理科学进展(4):490-496.

［33］李纾,2016.决策心理:齐当别之道[M].上海:华东师范大学出版社.

［34］李纾,梁竹苑,孙彦,2012·人类决策:基础科学研究中富有前景的学科[J].中国科学学院院刊年(S1):53.

［35］李四兰,2012.促销信息中的价格框架对消费者偏好的作用机制研究[D].武汉:华中科技大学.

［36］梁竹苑,2006.决策风格情境性特征的实验研究[D].北京:北京师范大学.

［37］梁竹苑,许燕,蒋奖,2007.决策中个体差异研究现状述评[J].心理科学进展(4):689-694.

［38］栾凡,2007.同为马上民族:蒙古族与满族的民族性格之比较[J].吉林师范大学学报(人文社会科学版)(6):47-51.

［39］罗宾斯,库尔特,2004.管理学[M].李原,孙建敏,黄小勇,译.北京:中国人民大学出版社.

［40］马剑虹,施建锋,2002.风险偏爱特征的实验研究[J].应用心理学（3）:28-34.

［41］墨森,康杰,凯根,等,1990.儿童发展和个性[M].缪小春,刘金花,武进之,等译.上海:上海教育出版社.

［42］彭聃龄,1988.普通心理学[M].北京:北京师范大学出版社.

［43］七十三,2011.蒙汉儿童青少年个性与社会性发展研究[M].北京:中央民族大学出版社.

［44］七十三,2017.心理学概论[M].北京:北京师范大学出版社.

［45］邱俊杰,闵昌运,周艳艳,等,2012.人际亲密度对他人风险选择偏好的影响:决策采纳度的调节作用[J].应用心理学(4):374-382.

［46］饶育蕾,刘达峰,2002[M].行为金融学.上海:上海财经大学出版社.

［47］施俊琦,王垒,2005.一般性自我效能量表的信效度检验[J].中国心理卫生杂志(3):191-193.

［48］孙彦,2003.风险选择中框定效应的实验研究[D].长沙:湖南师范大学.

[49] 佟拉嘎,2008.民族文化的开放性特质对民族经济发展的影响:以蒙古族民族文化与内蒙古民族经济发展为例[J].前沿(2):45-47.

[50] 王凯,2010.突发事件下决策者的框架效应研究[D].杭州:浙江大学.

[51] 王璐璐,李永娟,2012.心理疲劳与任务框架对风险选择的影响[J].心理科学进展(11):1546-1550.

[52] 王青春,阴国恩,张善霞,等,2011.青少年决策中的风险选择框架效应[J].心理与行为研究(4):268-272.

[53] 王曙光,1991.人格与文化特性:跨文化心理人类学的研究[J].社会科学研究(1):66-71.

[54] 王重鸣,梁立,1998.风险选择中动态框架效应研究[J].心理学报(4):394-400.

[55] 西蒙,2013.管理行为[M].詹正茂,译.北京:机械工业出版社出版社.

[56] 吴明隆,2010.问卷统计分析实务:SPSS操作与应用[M].重庆:重庆大学出版社.

[57] 谢晓非,郑蕊,蔡鹏,2001.风险情景对大学生冒险倾向的影响[J].科学技术与工程(2):68-71.

[58] 谢晓非,王晓田,2002.成就动机与机会—威胁认知[J].心理学报(2):192-199.

[59] 谢晓非,王晓田,2004.风险情景中参照点与管理者认知特征[J].心理学报(5):575-585.

[60] 谢晓非,郑蕊,2003.认知与决策领域的中国研究现状分析[J].心理科学进展(3):281-288.

[61] 徐夫真,张文新,2012.青少年早期抑郁的发展及其与家庭、同伴和个体因素的关系[D].济南:山东师范大学.

[62] 徐四华,方卓,饶恒毅,2013.真实和虚拟金钱奖赏影响风险选择行为[J].心理学报(8):874-886.

[63] 许祖蔚,1992.项目反应理论及其在测验中的应用[M].上海:华东师范大学出版社.

[64] 杨静,2009.风险选择影响因素的研究述评[J].牡丹江大学学报(4): 121-125.

[65] 叶奕乾,孔克勤,1993. 个性心理学 [M].上海:华东师范大学出版社.

[66] 尹慧,七十三,2016.蒙古族小学生风险选择的框架效应研究[J].内蒙古师范大学学报(自然科学汉文版)(4):568-572.

[67] 于会会,徐富明,黄宝珍,等,2012.框架效应中的个体差异[J].心理科学进展(6):894-901.

[68] 余嘉元,2001.决策风格和风险偏好的关系[J].统计与决策(11):20.

[69] 俞文钊,鲁直,唐为民,2000.经济心理学[M].大连:东北财经大学出版社.

[70] 曾守锤,李其维,2002.模糊痕迹理论:对经典认知发展理论的挑战[J].心理科学(2):4.

[71] 郑雪,2007.人格心理学[M].广州:暨南大学出版社.

[72] 张奇,2009.SPSS For Windows 在心理学与教育学中的应用[M].北京:北京大学出版社.

[73] 张卫,林崇德,2002.认知发展的后信息加工观[J].心理发展与教育(1):86-91.

[74] 张文慧,王晓田,2008.自我框架、风险认知和风险选择[J].心理学报(6):633-641.

[75] 张文新,2002.青少年发展心理学「M].济南:山东人民出版社.

[76] 张银玲,苗丹民,2006.框架效应对军校大学生决策判断的影响[J].中国行为医学科学(2):2.

[77] 张玉凤,李虹,倪士光,2015.关系密切程度以及思维方式和决策风格对风险偏好的影响[J].心理学探新(2):118-123.

[78] 钟赟,2008.风险选择中青少年的框架效应研究[D].南昌:江西师范大学.

[79] 朱莉琪,方富熹,皇甫刚,2002.儿童"期望值"判断的研究[J].心理学报(5):517-521.

[80] 朱滢,2000.实验心理学[M].北京:北京大学出版社.

【外文文献】

[1] Angold A，Costello E J，Worthman C M，1998. Puberty and depression：the roles of age，pubertal status and pubertal timing[J]. Psychological Medicine (1):51-61.

[2] Arnett J J，1996. Sensation seeking，aggressiveness，and adolescent reckless behavior [J]. Personality and Individual Difference (6): 693-702.

[3] Arrow K J，1982. Risk perception in psychology and economics[J]. Economic Inquiry (1):1-9.

[4] Baron J，Granato L，Spranca M et al.，1993. Decision-making biases in children and early adolescents：exploratory studies[J]. Merrill Palmer Quarterly，39：22.

[5] Beyth-Marom R，Austin L，Fischhoff B et al.，1993. Perceived consequences of risky behaviors：adults and adolescents [J]. Developmental Psychology (3)：549.

[6] Boyer T W，2006. The development of risk-taking：a multi-perspective review[J]. Developmental Review (3)：291-345.

[7] Burke K C，Burke J D，Regier D A et al.，1990. Age at onset of selected mental disorders in five community populations[J]. Archives of General Psychiatry (6)：511-518.

[8] Burman B，Biswas A，2007. Partitioned pricing：can we always divide and prosper[J]. Journal of Retailing (4)：423-436.

[9] Byrnes J P，Miller D C，Schafer W D,1999. Gender differences in risk taking：a meta-analysis[J]. Psychological Bulletin (3)：367-383.

[10] Cacioppo J T，Petty R E，Feinstein J A et al.，1996. Dispositional differences in cognitive motivation：The life and times of individuals

varying in need for cognition[J]. Psychological Bulletin (2):197-253.

[11] Cacioppo J T，Petty R E，1982. The need for cognition[J]. Journal of Personality and Social Psychology (1):116-131.

[12] Cacioppo J T，Petty R E，Fcinstcin J et al. ，1996. Dispositional differences in cognitive motivation：the life and times of individuals varying in need for cognition[J]. Psychological Bulletin (2)：197-253.

[13] Cacioppo J T，Petty R E，Kao C F，1984. The efficient assessment of need for cognition[J]. Journal of Personality Assessment (3):306-307.

[14] Charness G，Gneezy U，2012. Strong evidence for gender differences in risk taking[J]. Journal of Economic Behavior and Organization (1)：50-58.

[15] Chatterjee S，Heath T B，Milberg S J et al. ，2000. The differential processing of price in gains and losses：the effects of frame and need for cognition[J]. Journal of Behavioral Decision Making (1)：61-75.

[16] Chien Y C，Lin C，Worthley J，1996. Effect of framing on adolescents decision making[J]. Perceptual and Motor Skills (3)：811-819.

[17] Cohen A R，Stotland E，Wolfe D M，1955. An experimental investigation of need for cognition[J]. Journal of abnormal psychology (2). 291-294.

[18] Cyders M A，Coskunpinar A，2011. Measurement of constructs using self-report and behavioral lab tasks：is there overlap in nomothetic span and construct representation for impulsivity? [J]. Clinical Psychology Review (6)：965-982.

[19] Das，Kirby，Jarman，1975. Simultaneous and successive synthesis：An alternative model for cognitive abilities[J]. Psychological Bulletin (1)：87-103.

[20] Driver M J，1979. Individual decision making and creativity[J]. Organizational behavior，196：331-369.

［21］Driver M J，Brousseau K E，Hunsaker P L，1990. The dynamic decision maker［M］. New York：Harper&Row.

［22］Eckel C C，Grossman P J，2002. Sex differences and statistical stereotyping in attitudes toward financial risk［J］. Evolution and Human Behavior（4）：281-295.

［23］Einhorn H J，Hogarth R M，1981. Behavioral decision theory：processes of judgment and choice［J］. Annual Review of Psychology，32：53-88.

［24］Eisenberg N，2006. The preface of social，emotional，and personality development［M］//Damon W，Lerner R M. Handbook of child psychology. New York：John Wiley.

［25］Eisenhardt K M，1989. Agency theory：an assessment and review［J］. Academy of Management Review（1）：57-74.

［26］Evans J S B T，2003. In two minds：dual-process accounts of reasoning［J］. Trends in Cognitive Sciences（7）：454-459.

［27］Eysenck H J，Eysenck M W，1855. Personality and individual differences：a natural science approach［M］. New York：Plenum.

［28］Fagley N S，Coleman J G，Simon A F，2010. Effects of framing，perspective taking，and perspective（affective focus）on choice［J］. Personality and Individual Differences（3）：264-269.

［29］Fagley N S，Miller P M，1997. Framing effects and arenas of choice：your money or your life?［J］. Organizational Behavior and Human Decision Processes（3）：355-373.

［30］Feingold A，1991. Sex differences in effects of similarity and physical attractiveness on opposite-sex attraction［J］. Basic and Applied Social Psychology（12）：357-367.

［31］Ferreiro F，Seoane G，Senra C，2011. A prospective study of risk factors for the development of depression and disordered eating in adolescents[J]. Journal of Clinical Child &. Adolescent Psychology (3):500-505.

[32] Fischhoff B, 2008. Assessing adolescent decision-making competence [J]. Developmental Review (1): 12-28.

[33] Flavell J H, 1999. Cognitive development: children's knowledge about the mind[J]. Annual Review of Psychology (1): 21-45.

[34] Floderus, Pedersen , Rasmuson,1980. Assessment of heritability for personality, based on a short-form of the Eysenck personality inventory:a study of 12898 twin pairs[J]. Behavior Genetics (2): 153-162.

[35] Gilhooly K J, 1996. Thinking: directed, undirected and creative[M]. London: Academic Press.

[36] Goldberg P A. 2008. Are women prejudiced against women? Trans-Action: 28-30.

[37] Gonzalez C, Dana J, Koshino H, 2005. The framing effect and risky decisions: examining cognitive functions with FMRI[J]. Journal of Eeonomic Psychology (1):1-20.

[38] Halpem-Felsher B L, Cauffman E, 2001. Costs and benefits of a decision: decision-making competence in adolescents and adults[J]. Journal of Applied Developmental Psychology (3): 257-273.

[39] Harren V A, 1979. A model of career decision-making for college students[J]. Journal of Vocational Behavior (2): 119-133.

[40] Henderson J C, Nutt P C, 1980. The influence of decision style on decision making behavior[J]. Management Science (4):371-386.

[41] Highhouse S, Paese P W, Leatherberry T, 1996. Contrast effects on strategic -issue framing [J]. Organizational Behavior and Human Decision Making Processes,65:95-105.

[42] Hippler H, Schwarz N, 1986. Not forbidding isn't allowing: the

cognitive basis of the forbid-allow asymmetry[J]. Public Opinion Quarterly (1): 87-96.

[43] Hsee C K, Weber E U, 1997. A fundamental prediction error: self-others discrcpancies in risk preference[J]. Journal of Experimental Psychology-General (1): 45-53.

[44] Hsee C K, Weber E U, 1999. Cross-national differences in risk preference and lay predictions[J]. Journal of Behavioral Decision Making (2): 165-179.

[45] Huang Y H, Wang L, 2010. Sex differences in framing effects across task domain[J]. Personality and Individual Differences (5): 649-653.

[46] Huneke M E, Jasper J D, 2000. Information processing at successive stages of decision making: need for cognition and inclusion-exclusion effects[J]. Organizational Behavior & Human Decision Processes (2): 171-193.

[47] Jacobs J E, Klaczynski P A, 2002. The development of judgment and decision making during childhood and adolescence [J]. Current Directions in Psychological Science (4): 145-149.

[48] Jessor R, 1991. Risk behavior in adolescence: a psychosocial framework for understanding and action[J]. Journal of Adolescent Health (8): 597-605.

[49] Kagan, Rosman, Day et al., 1964. Information processing in the child: Significance of nanlytic and reflective attitudes[J]. Psychological Monographs (1): 1-37.

[50] Kahneman D, 2003. Maps of bounded rationality: psychology for behavioral economics[J]. American Economic Review (5): 1449-1475.

[51] Kahneman D, Tversky A, 1979. Prospect theory: an analysis of decision under risk[J]. Econometrica (2): 263-292.

[52] Kahneman D, Tversky A, 1984. Choices, values, and frames[J].

American Psychologyist (4): 341-350.

[53] Keeney lue,1992. For used thinking:a path to creative decision making [M]. Cambridge,MA:Harvard University Press.

[54] Keeney R L, 1992. Value-Focused thinking-a path tocreative decision making[M]. Cambridge, MA: Harvard University Press.

[55] Kim S, Goldstein D, Hasher L et al. , 2005. Framing effects in younger and older adults [J]. TPsychological Sciences and Social Science (4): 275-278.

[56] Kim S, Goldstein D, Hasher L et al. , 2005. Framing effects in younger and older adults[J]. Journal of Gerontology: Psychological Sciences (4): 21.

[57] Kuhberger A, 1995. The framing of decisions: a new look at old Problems[J]. Organizati oval Behavior and Human Decision Processes (2): 230-240.

[58] Kuhberger A, 1998. The influence of framing on risky decisions: ameta-analysis [J]. Organizational Behavior and Human Decision Processes (1): 23-55.

[59] Lanriola M, Levin I P, 2001. Personality traits and risky decision-malting in controlled experimental task: an exploratory study [J]. Personality and Individual Differences (2): 215-226.

[60] Lauriola M, Levin I P, Hart S Common and distinct factors in decision making under ambiguity and risk: a psychometric study of individual differences, 2007. Common and distinct factors in decision making under ambiguity and risk: a psychometric study of individual differences[J]. Organizational Behavior and Human Decision Processes (2):130-149.

[61] Le Pine J A, Colquitt J A, Erez A, 2000. Adaptability to changing task contexts: Effects of general cognitive ability, conscientiousness,

and person to experience[J]. Personnel Psychology (3):563-593.

[62] Leboeuf R A, Shafir E, 2003. Deep thoughts and shallow frames: on the susceptibility framing effects[J]. Journal of Behavioral Decision Making (2):77-92.

[63] Levin I P, Gaeth G J, Schreiber J et al. , 2002. A new look at framing effects: distribution of effect sizes, individual differences, and independence of types of effects [J]. Organizational Behavior and Human Decision Processes (1): 411-429.

[64] Levin I P, Hart S S, 2003. Risk preferences in young children: early evidence of individual differences in reaction to potential gains and losses[J]. Journal of Behavioral Decision Making (5): 397-413.

[65] Levin I P, Huneke M E, Jasper J D, 2000. Information processing at successive stages of decision making: need for cognition and inclusion-exclusion effects [J]. Organizational Behavior & Human Decision Processes (2): 171-193.

[66] Levin I P, Schneider S L, Gaeth G J, 1998. All frames are not created equal: a typology and critical analysis of framing effects [J]. Organizational Behavior & Human Decision Processes (2): 149-188.

[67] Li S, Xie X F, 2006. A new look at the "Asia disease" problem: a choice between the best possible outcomes or between the worst possible outcomes? [J]. Thinking and Reasoning (2):129-143.

[68] Loo R A, 2000. A psychometric evaluation of the general decision-making style inventory[J]. Personality and Individual Differences (5): 895-905.

[69] Lopes, Oden G C, 1999. The role of aspiration level in risk choice: comparison of cumulative prospect theory and SP/A theory[J]. Journal of mathematical psychology (2): 286-313.

[70] Mahoney K T, Buboltz W, Levin I P et al. , 2011. Individual

differences in a within-subjects risky-choice framing study [J]. Personality &. Individual Differences (3):248-257.

[71] McElroy T, Seta J J, 2003. Framing effects: an analytic-holistic perspective [J]. Journal of Experimental Social Psychology (6): 610-617.

[72] Mellers B A, Cooke A J, 1994. Trade-offs depend on attribute range [J]. Experimental Psychological Human Perception Perform (5):1055-1067.

[73] Mellers B, Schwartz A, Ritov I, 1999. Emotion-based choice [J]. Journal of Experimental Psychology (3): 332-345.

[74] Mikels J A, Reed A E, 2009. Monetary losses do not loom large in later life: age differences in the framing effect [J]. The Journals of Gerontology: Series B (4): 457-460.

[75] Miller D C, Byrnes J P, 1997. The role of contextual and personal factors in children's risk taking [J]. Developmental Psychology (5): 814-823.

[76] Millstein S, Halpern-Felsher B, 2002. Perceptions of risk and vulnerability [J]. Journal of Adolescent Health (1) :10-27.

[77] Nisbett R E, Ross L, 1980. Human inference: strategies and shortcomings of social judgment [M]. Englewood Cliffs: Prentice-Hall.

[78] Nutt P C, 1998. Making tough decisions: tactics for improving managerial decision making [M]. San Francisco: Jossey Bass Pub.

[79] ons and biosocial bases of sensation seeking [M]. New York: Cambridge University Press.

[80] Ornstein P A, Haden C A, Hedrick A M, 2004. Learning to remember: social-communicative exchanges and the development of children's memory skills [J]. Developmental Review (4): 374-395.

[81] Peters E, Västfjäll D, Slovic P et al. , 2006. Numeracy and decision making[J]. Psychological Science (5): 407-413.

[82] Powell P L, Johnson J, 1995. Gender and DSS design: the research implications[J]. Decision Support Systems (1): 27-58.

[83] Reyna V F, 1991. Scientific concepts[J]. Learning and Individual Differences (1): 27-59.

[84] Reyna V F, Brainerd C J, 1991. Fuzzy-trace theory framing effects in choice: gist extraction, truncation and conversion[J]. Journal of Behavioral Decision Making (4): 249-262.

[85] Reyna V F, Brainerd C J. 1991. Fuzzy-trace theory and children's acquisition of mathematical and scientific concepts[J]. Learning and Individual Differences (3):27-59.

[86] Reyna V F, Farley F, 2006. Risk and rationality in adolescent decision making implications for theory, practice, and public policy[J]. Psychological Science in the Public Interest (1): 1-44.

[87] Reynav F, Ellis S C, 1994. Fuzzy-trace theort and framing effects in childrens risky decision making[J]. Psychological Science (5): 275-279.

[88] Rönnlund M, Karlsson E, Laggnäs E et al. , 2005. Risky decision making across three areas of choice: are young and older adults differently susceptible to framing effects? [J]. The Journal of General Psychology (1): 81-92.

[89] Rothman A J, Salovey P, 1997. Shaping perceptions to motivate health behavior: the role of message framing[J]. Psychological Bulletin (1): 3-19.

[90] Rowe A J, James D, 1983. Boulgarides Decision Styles: A Perspective [J]. Leadership & Organization Development Journal (4):5-9.

[91] Rugg D, 1941. Experiments in wording questions: II[J]. Public

Opinion Quarterly (1):91-92.

[92] Sadowski C J, Gulgoz S, 1992. Internal consistency and test-retest reliability of the need for cognition scale[J]. Perceptual and Motor Skills (2): 610.

[93] Schlegel A, Barry H, 1991. Adolescence: an thropological inquiry [M]. New York: Free Press.

[94] Scott S G, Bruce R A, 1995. Decision-making style: the development and assessment of a new measure[J]. Education and Psychological Measurement (5):818-831.

[95] Shiloh S, Koren S, Zakay D, 2001. Individual differences in compensatory decision-making style and need for closure as correlates of subjective decision complexity and difficulty[J]. Personality and Individual Differences (4):699-710.

[96] Shiloh S, Salton E, Sharabi D, 2002. Individual differences in rational and intuitive thinking styles as predictors of heuristic responses and framing effects [J]. Personality and Individual Differences (2): 415-429.

[97] Simon A F, Fagley N S, Halleran J G, 2004. Decision framing: moderating effects of individual differences and cognitive processing [J]. Journal of Behavioral Decision Making (2): 77-93.

[98] Simon H A, Hayes J R, 1976. The understanding process: problem isomorphs[J]. Cognitive Psychology (2):165-190.

[99] Smith S M, Levin I P, 1996. Need for cognition and choice framing effects[J]. Journal of Behavioral Decision Making (4): 283-290.

[100] Soane E, Chmiel N, 2005. Are risk preferences consistent? the influence of decision domain and personality[J]. Personality and Individual Differences (8):1781-1791.

[101] Spicer D P, Sadler-Smith E, 2005. An examination of the general

decision-making style questionnaire in two UK samples[J]. Journal of Managerial Psychology (2): 137-149.

[102] Stanovich K E, West R F, 1998. Individual differences in framing and conjunction effects[J]. Thinking & Reasoning (4): 289-317.

[103] Stanovich K E, West R F, 2000. Individual differences in reasoning: implications for the rationality debate? [J]. Behavioral and Brain Sciences (5): 645-665.

[104] Stapel D A, Koomen W, 1998. Interpretation versus reference framing: assimilation and contrast effectsin the organizational domain [J]. Organizational Behavior and Human Decision Processes (2):132-148.

[105] Steinberg L, Albert D, Cauffman E et al., 2008. Age differences in sensation seeking and impulsivity as indexed by bchavior and self-report: evidence for a dual systems model [J]. Developmental Psychology (6): 1764-1778.

[106] Sternberg R J, 1999. Thinking styles [M]. United Kingdom: Cambridge University Press.

[107] Steward W T, Schneider T R, Pizarro J et al., 2003. Need for cognition moderates responses to framed smoking-cessation messages [J]. Journal of Applied Social Psychology (12): 2439-2464.

[108] Thumbhole P, 2004. Decision making style:habit,style or both? [J]. Personality and Individual Differences (4): 931-944.

[109] Thunholm P, 2004. Decision-making style: habit, style or both? Personality and Individual Differences (4): 931-944.

[110] Tversky A, Kahneman D, 1981. The framing of decisions and the psychology of choice[J]. Science, 211: 453-458.

[111] Wade T J, Cairnery J, Pevalin D J, 2002. Emergence of gender differences in depression during adolescence: national panel results

from three countries[J]. Journal of the American Academy of Child & Adolescent Psychiatry (2): 190-198.

[112] Wang X T, 1996. Evolutionary hypotheses of risk-sensitive choice: age differences and perspective change[J]. Ethology and Sociobiology (1): 1-I5.

[113] Wang X T, 2004. Self-framing of risky choice [J]. Journal of Behavioral Decision Making (1):1-16.

[114] Wang X T, Simons F, Bredart S, 2001. Social cues andverbal framing in risky choice[J]. Journal of Behavioral Decision Making (1): 1-15.

[115] Wang X T. 1996. Framing effect: dynamics and task domains[J]. Organizational Behavior and Human Decision Processes (2): 145-157.

[116] Wang X, Kruger D J, Wilke A. 2009. Life history variables and risk-taking propensity[J]. Evolution and Human Behavior (2): 77-84.

[117] Weber E U, Blais A R, Betz N E, 2002. A domain-specific risk-attitude scale: measuring risk perceptions and risk behaviors [J]. Journal of Behavioral Decision Making (4): 263-290.

[118] Wegener D T, Petty R E, Klein D J, 1994. Effects of mood on high elaboration attitude change: the mediating role of likelihood judgments[J]. European Journal of Social Psychology (1): 25-43.

[119] Wieland A, Sarin R, 2012. Domain specificity of sex differences in competition[J]. Journal of Economic Behavior & Organization (1): 151-157.

[120] Wilson M, Daly M, Pound N, 2002. An evolutionary psychological perspective on the modulation of competitive confrontation and risk-taking[J]. Hormones, Brain and Behavior (5): 381-408.

[121] Xie X F, Wang X T, 2003. Risk perception and risky choice: Situational, informational and dispositional effects[J]. Asian Journal of Social Psychology (2): 117-132.

[122] Zhang Y, 1996. Responses to humorous advertising: the moderating effect of need for cognition[J]. Journal of Advertising (1): 15-32.

[123] Zhang Y, Buda R, 1999. Moderating effects of need for cognition on responses to positioning versus negatively framed advertising messages[J]. Journal of Advertising (2):1-15.

[124] Zickar M J, Highhouse S, 1998. Looking closer at the effects of framing oil risky choice: an item response theory analysis [J]. Organizational Behavior and Human Decision Processes (1):75-91.

[125] Zuckerman M, Kolin E A, Price L et al. , 1964. Development of a sensation seeking scale[J]. Journal of Consulting Psychology (6): 477-482.

[126] Zuckerman M,1994. Behavioral expressions and biosocial bases of sensation seeking [M]. New York: Cambridge University Press.

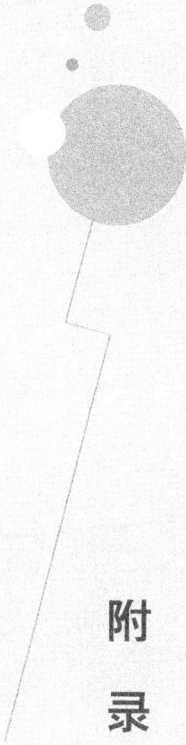

附录

附录 A　风险选择框架效应问卷

亲爱的同学：

　　您好！目前我们正在进行一项调查，需要您的合作和支持，请您仔细阅读以下每份资料，并按要求对问题做出回答。本次调查为无记名问卷，请如实作答，非常感谢您的参与和支持！

　　请先填写您的基本情况：

　　性别：_____

　　出生日期：_____年_____月_____日

　　年级：_____

　　专业：_____

问卷一

　　1.假设某国正准备对付一种罕见的亚洲疾病，预计该疾病的发作将导致600人死亡。现有两种与疾病做斗争的方案可供选择，各方案所产生后果的科学估算如下所示：

　　采用 A 方案，200 人将生还。

　　采用 B 方案，1/3 的机会，600 人将生还；2/3 的机会，将无人生还。

　　你愿意选择：A 方案（　　）　　　　　　B 方案（　　　）

　　2.假设内蒙古自治区某地即将面临一次暴风雪的侵袭，预计该次灾害将导致 600 头牛死亡。现有两种与暴风雪做斗争的方案可供选择，对各方案所产生后果的科学估算如下所示：

　　采用 A 方案，200 头牛将得到保护。

　　采用 B 方案，1/3 的机会，600 头牛将得到保护；2/3 的机会，所有牛都得不到保护。

　　你愿意选择：A 方案（　　）　　　　　　B 方案（　　　）

　　3.假定你正在参加那达慕大会，活动开始先给你 600 元作为活动资金，但由于某些原因,你不能保留所有的活动资金。现在有以下两种方案,你会选择哪种方案?

采用 A 方案,能够保留 200 元。

采用 B 方案,1/3 的机会,保留 600 元;2/3 的机会,保留 0 元。

你愿意选择:A 方案(　　　)　　　　　　B 方案(　　　)

问卷二

1. 假设某国正准备对付一种罕见的亚洲疾病,预计该疾病的发作将导致 600 人死亡。现有两种与疾病作斗争的方案可供选择,对各方案所产生后果的科学估算如下所示:

采用 A 方案,400 人将死去。

采用 B 方案,1/3 的机会,无人将死去;2/3 的机会,600 人将死去。

你愿意选择:A 方案(　　　)　　　　　　B 方案(　　　)

2. 假设内蒙古自治区某地面临一次暴风雪的侵袭,预计该次灾害将导致 600 头牛死亡。现有两种与暴风雪做斗争的方案可供选择,对各方案所产生后果的科学估算如下所示:

采用 A 方案,400 头牛将失去。

采用 B 方案,1/3 的机会,一头牛也不会失去;2/3 的机会,将失去 600 头牛。

你愿意选择:A 方案(　　　)　　　　　　B 方案(　　　)

3. 假定你正在参加一个那达慕大会,活动开始先给你 600 元作为活动资金,但由于某些原因,你不能保留所有的活动资金。现在有以下两种方案,你会选择哪种方案?

采用 A 方案,将会失去 400 元。

采用 B 方案,1/3 的机会,一元钱也不会失去;2/3 的机会,失去 600 元。

你愿意选择:A 方案(　　　)　　　　　　B 方案(　　　)

附录 2　风险偏好量表

问卷三（样题）

下列几组选项均为收益情景，请比较每组内的两个选项，选择您偏好的一项。

（　）1. A.100％的概率获得 400 元。

　　　B.50％的概率获得 2000 元,50％的概率获得 0 元

（　）3. A.100％的概率获得 800 元

　　　B.50％的概率获得 2000 元,50％的概率获得 0 元

（　）5. A.100％的概率获得 1200 元

　　　B.50％的概率获得 2000 元,50％的概率获得 0 元

（　）7. A.100％的概率获得 1600 元

　　　B.50％的概率获得 2000 元,50％的概率获得 0 元

问卷四（样题）

下列几组选项均为损失情景，请比较每组内的两个选项，选择您偏好的一项。

（　）2. A.100％的概率损失 600 元

　　　B.50％的概率损失 2000 元,50％的概率损失 0 元

（　）4. A.100％的概率损失 1000 元

　　　B.50％的概率损失 2000 元,50％的概率损失 0 元

（　）6. A.100％的概率损失 1400 元

　　　B.50％的概率损失 2000 元,50％的概率损失 0 元

附录3　认知需要量表(样题)

　　下面是一些关于个人特点的描述,请问下列这些说法在多大程度上符合您的情况。请根据自己的真实情况在下边相应的选项上画"✓"。

　　1.只有在必须自己思考的情况下,我才努力思考问题。

①完全不符合　　　②不符合　　　③比较不符合

④不确定　　　　　⑤比较符合　　⑥符合　　　　　⑦完全符合

　　2.我愿意想一些琐碎的、日常性的事情,不愿考虑长远的事情。

①完全不符合　　　②不符合　　　③比较不符合

④不确定　　　　　⑤比较符合　　⑥符合　　　　　⑦完全符合

　　3.我愿意做一些熟悉的、不需要多想的任务。

①完全不符合　　　②不符合　　　③比较不符合

④不确定　　　　　⑤比较符合　　⑥符合　　　　　⑦完全符合

　　4.我认为只有通过不断思考才能使自己不断提高。

①完全不符合　　　②不符合　　　③比较不符合

④不确定　　　　　⑤比较符合　　⑥符合　　　　　⑦完全符合

　　5.我认为只有采用新方法解决问题才是一种乐趣。

①完全不符合　　　②不符合　　　③比较不符合

④不确定　　　　　⑤比较符合　　⑥符合　　　　　⑦完全符合

　　6.我认为学习一种新的思维方法也没什么可高兴的。

①完全不符合　　　②不符合　　　③比较不符合

④不确定　　　　　⑤比较符合　　⑥符合　　　　　⑦完全符合

附录 4　决策风格量表（样题）

下面每个问题描述的是你在面对重要决策时所采取的态度，请根据自己的实际情况，认真思考后在下边相应的选项上画"✓"。

1. 对于重大的决策，我总是三思而后行。

①非常不同意　　　　②比较不同意　　　　③一般同意

④比较同意　　　　⑤非常同意

2. 我常常依靠直觉做出决策。

①非常不同意　　　　②比较不同意　　　　③一般同意

④比较同意　　　　⑤非常同意

3. 面临重大决策时，我常常需要他人的帮助。

①非常不同意　　　　②比较不同意　　　　③一般同意

④比较同意　　　　⑤非常同意

4. 我总是回避重大的决策，直到压力来了，不得不做出决定。

①非常不同意　　　　②比较不同意　　　　③一般同意

④比较同意　　　　⑤非常同意

5. 我常常仓促地做出决策。

①非常不同意　　　　②比较不同意　　　　③一般同意

④比较同意　　　　⑤非常同意

6. 只要有可能我总会推迟做出决策。

①非常不同意　　　　②比较不同意　　　　③一般同意

④比较同意　　　　⑤非常同意

……………

图书在版编目(CIP)数据

风险选择框架效应的区域研究 / 尹慧著. — 杭州：
浙江大学出版社，2022.3
ISBN 978-7-308-22261-7

Ⅰ. ①风… Ⅱ. ①尹… Ⅲ. ①蒙古族－青少年心理学
－研究 Ⅳ. ①B844.2

中国版本图书馆 CIP 数据核字(2022)第 027976 号

风险选择框架效应的区域研究

尹　慧　著

策划编辑	吴伟伟
责任编辑	丁沛岚
责任校对	陈　翮
封面设计	春天书装
出版发行	浙江大学出版社
	（杭州市天目山路 148 号　邮政编码 310007）
	（网址：http://www.zjupress.com）
排　　版	杭州朝曦图文设计有限公司
印　　刷	广东虎彩云印刷有限公司绍兴分公司
开　　本	710mm×1000mm　1/16
印　　张	11
字　　数	180 千
版 印 次	2022 年 3 月第 1 版　2022 年 3 月第 1 次印刷
书　　号	ISBN 978-7-308-22261-7
定　　价	58.00 元